华章程序员书库

U0179324

Python代码整洁之道
编写优雅的代码

Clean Python
Elegant Coding in Python

[美] 苏尼尔·卡皮尔（Sunil Kapil） 著

连少华 译

机械工业出版社
China Machine Press

图书在版编目（CIP）数据

Python 代码整洁之道：编写优雅的代码 /（美）苏尼尔·卡皮尔（Sunil Kapil）著；连少华译 . —北京：机械工业出版社，2020.9（2021.11 重印）

（华章程序员书库）

书名原文：Clean Python: Elegant Coding in Python

ISBN 978-7-111-66587-8

I. P…　II. ①苏…　②连…　III. 软件工具 - 程序设计　IV. TP311.561

中国版本图书馆 CIP 数据核字（2020）第 178782 号

本书版权登记号：图字　01-2020-2372

Python 代码整洁之道：编写优雅的代码

出版发行：机械工业出版社（北京市西城区百万庄大街 22 号　邮政编码：100037）	
责任编辑：李美莹	责任校对：李秋荣
印　　刷：三河市宏图印务有限公司	版　　次：2021 年 11 月第 1 版第 3 次印刷
开　　本：186mm×240mm　1/16	印　　张：13
书　　号：ISBN 978-7-111-66587-8	定　　价：79.00 元

客服电话：（010）88361066　88379833　68326294　　　投稿热线：（010）88379604

华章网站：www.hzbook.com　　　　　　　　　　　　　读者信箱：hzjsj@hzbook.com

自 1991 年 Python 诞生以来，到现在将近 30 年了。如今，Python 已经被很多领域的专业人士广泛使用，亦有相当多的小学生开始学习 Python 编程，可见其被接受的程度非常高！由于其学习门槛低、语法简单、易学易用等特性，Python 已经被诸多领域广泛使用，如金融工程、人工智能、数据分析、科学计算、自动化测试等，这些领域中既有专业的软件开发人员也有非专业的软件开发人员。随着时间的推移，Python 有可能会发展成一门基础学科，所以，学好 Python 是在一些领域生存发展的必备技能。

我翻译的第一本书是《C++ 代码整洁之道》，已经发现身边的一些公司和培训机构都有购买，大家的反响还是很不错的，网上也有不少的评论（当然，那本书是讲 C++ 相关的知识）。这本书是我翻译的第二本书，希望这本书也和第一本书一样能够被广大读者所接受。

自我学习 Python 以来，与之前学习过的 C++、C#、Java、Golang、Node.js 等编程语言相比，Python 给我的感觉是：入门容易（小学生都可以使用 Python 写程序），深入难（在工作中发现很多自称熟悉 Python 的人，不知道生成器是什么、迭代器是什么、Python 中有哪些数据结构），可见选择一本好的教材是多么重要。虽然网上有很多关于 Python 的视频，但结合我自身的经验，不建议通过视频学习 Python，因为投入产出比不高，视频中讲解的内容往往是过时的，会给初学者带来较大的困惑。

如果你有幸购买了本书，并且是 Python 爱好者，那么强烈建议你仔细地阅读本书的每一个章节。这些章节之间虽没有必然的联系，但还是建议你按顺序阅读。当然，本书的内容有些难度，在阅读本书前，建议你对 Python 的基础知识先有一定的了解，否则可能会看不太明白，因为本书没有从 Python 的基础语法讲起。

市面上常见的 Python 有两大版本：一个版本是 Python 2.x 系列，目前已经停止维护，但还有一些公司在使用；另一个版本是 Python 3.x 系列，本书中所讲的都是 Python 3.x 系列的知识。据不完全了解，绝大部分公司的新项目都已经基于 Python 3.x 进行开发了，所以尽快掌握 Python 3.x 吧！Python 2.x 和 Python 3.x 两大系列差异较大，其中的原因与 Python 之父的性格有较大关系，想知道详细情况的读者可在网上自行查找资料。

阅读本书前，建议先了解以下基础知识：

1）如何安装 Python 3.x 最新版本的解释器，截止到本书译完，最新的稳定版本是 Python 3.8，更多信息请参见 https://www.python.org/downloads/。安装一款自己喜欢的 IDE 开发工具，初学者一定不要在记事本中写代码，切记，切记！！！

2）Python 的基础知识——关键字、控制语法、常用数据结构等。

3）了解如何使用 IDE（如 pycharm、Sublime Text、VIM/Emacs），建议写一些 Python 的练习代码，如读写文本文件、九九乘法表、数据结构的使用等。

4）对软件开发人员而言，最好具有面向对象开发的基础，并且知道一些基本的原则，如单一职责原则、开闭原则、里氏替换原则、依赖倒置原则、迪米特法则等。

5）对测试人员而言，最好了解 unittest 和 pytest 框架。

通过阅读本书，你将学到以下主要内容：

1）如何编写整洁的 Python 代码。

2）Python 的数据结构及特点。

3）Python 中的函数、类和模块（模块在很多书中没有提及或只是简单提及，本书有着较详细的讲解）。

4）装饰器、生成器、迭代器和上下文管理器的作用和使用场景。

5）Python 3.x 中的一些新特性，如 async 及协程、类型标注等。

6）调试和单元测试的一些工具。

这本书的英文原版我初步浏览后就被深深吸引，所以着手进行了翻译。由于平时工作比较忙，所以只能利用业余时间进行翻译。翻译过程中也遇到了许多困难，即便针对一些有争议的术语、内容等查阅了大量的资料，翻译完成以后又进行了仔细的推敲和校对，但受限于译者的水平，稿中仍然难免存在疏忽、遗漏，甚至翻译错误或不准确的地方。读者在阅读过程中发现了任何质量问题，都可以向译者或出版社反馈。我的初衷是帮助想学好 Python 的人，希望这本书能够给你的学习带来促进。

在此，我非常感谢为翻译本书做出或多或少贡献的人，他们是盛斌、谢威和杨丽丽。在这里感谢他们积极地参与到翻译工作中，也感谢他们对我的认可和支持。

我现在担任 CSDN C/C++ 大版的版主和 C++ 小版的版主，受限于精力，就没有再担任 Python 版块的版主，你可以在 CSDN 网站和我私下交流。

感谢出版社给予我无比的信任和翻译的机会，也感谢读者选择了本书！希望本书的内容及译文没有让读者失望。

连少华

2020 年 6 月于深圳

前　言 *Preface*

　　Python 是当今最流行的语言之一。相对较新的领域如数据科学、人工智能、机器人和数据分析，以及传统的专业如 Web 开发和科学研究等，都在拥抱 Python。对于用 Python 这样的动态语言编写代码的程序员来说，确保代码的高质量和无错误变得越来越重要。作为一名 Python 开发人员，你希望确保正在构建的软件能够让用户满意，而不会超出预算或无法发布。

　　Python 是一种简单的语言，但是很难写出好的代码，因为目前可以教我们写出更好的 Python 代码的资源并不多见。

　　目前 Python 中缺乏的是代码一致性、模式以及开发人员对良好 Python 代码的理解。对于每个 Python 程序员，良好的 Python 代码都有不同的含义。出现这种情况的原因可能是 Python 被用于如此多的领域，以至于开发人员很难就特定的模式达成一致。另外，Python 没有像 Java 和 Ruby 那样有关于整洁代码的书籍。已经有人尝试编写这类书籍，但这样的尝试比较少，而且坦率地说，它们的质量也不高。

　　本书的主要目的是为不同级别的 Python 开发人员提供技巧，以便他们能够编写更好的 Python 软件和程序。无论你在哪个领域使用 Python，本书都可以为你提供各种各样的技巧。本书涵盖了从基础到高级的所有级别的 Python 知识，并向你展示了如何使代码更符合 Python 的风格。

　　请记住，编写软件不仅是一门科学，而且还是一门艺术，本书将教你如何成为一名更好的 Python 程序员。

Acknowledgements 致　谢

首先，我要感谢 Apress 的 Nikhil。Nikhil 于 2018 年 10 月联系我，并说服我与 Apress Media LLC 合作写书。然后，我要感谢 Apress 的助理编辑 Divya Modi，感谢她在我撰写期间给予的大力支持，以及在我繁忙的工作时间里给予我的耐心。另外，非常感谢 Apress 的开发编辑 Rita Fernando，她在评审过程中提供了宝贵的建议，使本书对 Python 开发人员更有价值。接下来，我要感谢 Sonal Raj 对每一章的严格审查，也发现了很多我从未发现的问题。

当然，我要感谢 Apress 的整个生产团队对我的支持。

最后（但并非不重要的），我要感谢我亲爱的无可替代的家人，特别是他们理解写一本书需要大量的时间。感谢我的母亲 Leela Kapil 和父亲 Harish Chandra Kapil 的鼓励和支持。我深爱的妻子 Neetu，非常感谢你在我写这本书时所给予的所有鼓励和支持，这让一切都不同了。你太棒了！

关于作者 *About the Author*

Sunil Kapil 在过去的 10 年中一直从事软件开发工作，用 Python 和其他几种语言编写代码，主要涉及 Web 和移动端服务的软件开发。他开发、部署并维护了被数百万用户喜爱和使用的各种项目，这些项目是与来自不同专业环境的团队合作完成的，涉及世界著名的软件公司。他也是开源的热情倡导者，并持续贡献 Zulip Chat 和 Black 等项目。他还与非营利组织合作，并以志愿者的身份为其软件项目做出贡献。

Sunil Kapil 经常在各种聚会和会议上讨论 Python。

你可以访问他的有关软件工程、工具和技术的网站。最重要的是，你可以通过电子邮件联系他或在社交媒体上关注他。

网站：https://softwareautotools.com/

E-mail: snlkapil@gmail.com

Twitter: @snlkapil (https://twitter.com/snlkapil)

LinkedIn: https://www.linkedin.com/in/snlkapil/

GitHub: https://github.com/skapil

About the Technical Reviewer 关于技术审校者

Sonal Raj (@_sonalraj) 是一位作家、工程师、导师，也是一名喜欢 Python 超过 10 年的粉丝。他曾在高盛（Goldman Sachs）就职，也曾在印度科技学院（Indian Institute of Science）担任研究员。他是金融科技行业不可或缺的一员，擅长构建交易算法和低延迟系统。同时他也是一名开源开发人员和社区成员。

Sonal 拥有信息技术和工商管理硕士学位。他的研究领域包括分布式系统、图形数据库和教育技术。他是英国工程技术学会（IET）的一名活跃成员，也是印度技术教育协会的终身会员。

他是 *Neo4j High Performance* 一书的作者，这是一本关于图形数据库 Neo4j 的功能和使用的书。他也是《面试要点》系列丛书的作者，这些丛书侧重于技术面试方法。Sonal 还 在 People Chronicles Media 担 任 编 辑， 也 是 *Journal of Open Source Software* （JOSS）的评论员，以及 Yugen 基金会的创始人之一。

目　录 *Contents*

第 1 章 Chapter 1

关于 Python 的思考

Python 和其他编程语言不同的地方在于其简洁但不失深度。正因为简洁，谨慎地编写 Python 代码很重要，尤其是在大型项目中，很容易不小心写出复杂和臃肿的代码。Python 有一个称作"Python 之禅"的设计哲学，注重的是简洁而不是复杂⊖。

在这一章，你将学会如何使你的 Python 代码更加具有可读性和简洁性的常用准则。我将讲述一些众所周知的准则，当然也有一些可能是不太常见的。当你即将着手开发新项目或者正在开发某一个项目时，希望你知道这些准则，以便可以提高代码质量。

> **注意** 在 Python 的世界里，遵循 Python 之禅的哲学能让你的代码变得更加 Python 化。Python 官方文档推荐了很多实践准则，可以使你的代码更加整洁以及更具有可读性。阅读 PEP8 规范将会帮助你理解为什么一些实践准则会被推荐。

1.1 编写 Python 代码

Python 有一些官方文档，定义了编写 Python 化代码的最佳实践，叫作 PEP8 规范。

⊖ http://www.python.org/dev/pess/pep-0020/

这种风格规范会随着时间不断改进。你可以访问 https://www.python.org/dev/peps/pep-0008 了解更多信息。

在这一章，你将学习一些定义在 PEP8 中的一般实践，并且明白开发者如何从遵循这些一般实践中受益。

1.1.1 命名

作为一名软件开发者，我使用过多种开发语言，比如 Java、NodeJS、Perl、Golang。所有这些编程语言对变量、函数、类等都有命名规范。Python 同样也有推荐使用的命名规范。我将讨论一些在编写 Python 代码时需要遵守的命名规范。

1. 变量和函数

你应该使用小写字母命名变量和函数，并且用下划线分割单词，因为这会让你的代码更具可读性，如代码清单 1-1 所示。

代码清单1-1　变量命名

```
names = "Python"                    # variable name
job_title = "Software Engineer"     # variable name
                                    with underscore
populated_countries_list = []       # variable name
                                    with underscore
```

你应该在代码里使用非混淆（内置属性）的命名方法，即使用一个下划线或者两个下划线，如代码清单 1-2 所示。

代码清单1-2　非混淆的命名

```
_books = {}         # variable name to define
                    private
__dict = []         # prevent name mangling with
                    python in-build lib
```

当你不想让一个类的成员变量被外部访问时，应该使用一个下划线为前缀来命名变量。这仅仅是一个约定俗成的规定，Python 并没有强制规定以一个下划线为前缀来定义私有化。

Python 对于函数也有同样的约定，如代码清单 1-3 所示。

代码清单1-3　通常的函数命名

```
# function name with single underscore
def get_data():
    ---
    ---

def calculate_tax_data():
    ----
```

同样的规则也被应用在私有方法和那些你想防止与 Python 内置函数出现名称混淆的方法，如代码清单 1-4 所示。

代码清单1-4　表示私有方法和防止名称混淆的函数命名

```
# Private method with single underscore
def _get_data():
    ---
    ---
# double underscore to prevent name mangling with other
in-build functions
def __path():
    ----
    ----
```

除了遵循这些命名规则外，重要的是使用具体的名称，而不是对函数或变量使用模糊的名称。

我们来考虑设计一个传入用户 ID 返回用户对象的函数，如代码清单 1-5 所示。

代码清单1-5　函数命名

```
# Wrong Way
def get_user_info(id):
    db = get_db_connection()
    user = execute_query_for_user(id)
    return user

# Right way
```

```
def get_user_by(user_id):
    db = get_db_connection()
    user = execute_user_query(user_id)
    return user
```

在这里，第二个函数 get_user_by，确保你使用相同的词汇来传递变量，它为函数给出了正确的上下文。第一个函数 get_user_info 就显得模棱两可，因为参数 id 不明确，它是用户表的索引 ID？还是付款的 ID 或者是其他含义的 ID？这种代码会对使用你的 API 的其他开发者造成困惑。为了解决这个问题，我在第二个函数改动了两个地方——函数名和传递的参数名，这让代码更加具有可读性。当阅读第二个函数时，你就能正确明白函数的含义以及函数的期望输出。

作为一名开发人员，你应该仔细思考如何命名变量和函数，使代码对其他开发人员具有可读性。

2. 类

类的命名应该像其他编程语言一样使用大驼峰方法⊖。代码清单 1-6 演示了一个简单的例子。

代码清单1-6 类命名

```
class UserInformation:
    def get_user(id):
        db = get_db_connection()
        user = execute_query_for_user(id)
        return user
```

3. 常量

你应该全部使用大写字母来定义常量名，代码清单 1-7 演示了一个例子。

代码清单1-7 常量命名

```
TOTAL = 56
TIMOUT = 6
MAX_OVERFLOW = 7
```

⊖ 命名方法有很多种，比如匈牙利利命名法、Pascal 命名法（又称之为大驼峰命名法）、小驼峰命名法等。——译者注

4. 函数和方法参数

函数和方法参数应该遵循与变量和方法名相同的规则。类方法使用 **self** 作为第一个关键字参数，而函数不使用，如代码清单 1-8 所示。

代码清单1-8 函数和方法参数

```
def calculate_tax(amount, yearly_tax):
    ----

class Player:
    def get_total_score(self, player_name):
        ----
```

1.1.2 代码中的表达式和语句

有时候为了节省代码行数或者让你的同事对你的代码印象深刻，你可能会用一种"巧妙"的方式来编写代码。然而，编写巧妙的代码是有代价的，它对代码的可读性和简洁性有一定的影响。让我们来看下代码清单 1-9 所示的代码片段，它对嵌套字典进行排序。

代码清单1-9 对嵌套字典进行排序

```
users = [{"first_name":"Helen", "age":39},
         {"first_name":"Buck", "age":10},
         {"first_name":"anni", "age":9}
         ]
users = sorted(users, key=lambda user: user["first_name"].
lower())
```

这段代码存在的问题在哪呢？

你使用一行代码的 lambda 表达式对嵌套字典按照 **first_name**（名字字段）进行排序，使其看起来像是使用一种巧妙的方式对字典进行排序，而不是使用循环。

然而，第一眼看这段代码时并不是那么容易理解，尤其是对新手而言，因为 lambda 语法比较奇特，并不是一种容易理解的概念。当然，在这里通过使用 lambda 节省了代码行数，因为它允许你以一种巧妙的方式对字典进行了排序，然而这并没有让这段代码明了并具有良好的可读性。这段代码无法解决丢失键值或者字典是否合法等问题。

让我们使用一个函数来重写这段代码，并且尽量让代码更明了并具有可读性。这个函数会校验所有非期望值，并且编写起来更简单，如代码清单 1-10 所示。

代码清单1-10 以函数形式对字典排序

```
users = [{"first_name":"Helen", "age":39},
        {"first_name":"Buck", "age":10},
        {"name":"anni", "age":9}
        ]
def get_user_name(users):
"""Get name of the user in lower case"""
    return users["first_name"].lower()

def get_sorted_dictionary(users):
"""Sort the nested dictionary"""
    if not isinstance(users, dict):
        raise ValueError("Not a correct dictionary")
    if not len(users):
        raise ValueError("Empty dictionary")

    users_by_name = sorted(users, key=get_user_name)
    return users_by_name
```

正如你所见，这段代码校验了所有可能的非期望值，并且比起之前的一行代码风格更具有可读性。一行代码风格能节省代码行，但是给你的代码增加了复杂度。这并不意味着一行代码风格很糟糕，在这里我尽力去强调的点是如果一行代码风格让阅读代码很艰难，尽量避免使用。

当编写代码时，你必须慎重做这些决策。有时候一行代码让你的代码具有可读性，有时候则相反。

让我们再考虑一个例子，你正在尝试读取一个 CSV 文件，并且计算这个 CSV 文件的行数。代码清单 1-11 的代码将告诉你为什么使代码具有可读性很重要，以及命名在使你的代码更具有可读性中如何扮演重要角色。

将代码分解成辅助函数有助于使复杂代码具有可读性，并且在你的生产代码遇到特定错误时更方便调试。

代码清单1-11 读取一个CSV文件

```python
import csv

with open("employee.csv", mode="r") as csv_file:
    csv_reader = csv.DictReader(csv_file)
    line_count = 0
    for row in csv_reader:
        if line_count == 0:
            print(f'Column names are {", ".join(row)}')
            line_count += 1
        print(f'\t{row["name"]} salary: {row["salary"]}'
                f'and was born in {row["birthday month"]}.')
        line_count += 1
    print(f'Processed {line_count} lines.')
```

上述代码在 with 语句里做了很多事情。为了让它更具有可读性，你可以把处理 salary（薪酬）的逻辑放到一个不同的函数中，这样也能减少出错。当很多逻辑聚集在很少行的代码里时是很难调试的，所以你应该在定义函数时确保目标明确、界限明了。所以，在代码清单 1-12 中我们把它再细分一点。

代码清单1-12 以更具可读性的代码读取一个CSV文件

```python
import csv

with open('employee.txt', mode='r') as csv_file:
    csv_reader = csv.DictReader(csv_file)
    process_salary(csv_reader)

def process_salary(csv_reader):
"""Process salary of user from CSV file."""
    line_count = 0
    for row in csv_reader:
        if line_count == 0:
            print(f'Column names are {", ".join(row)}')
            line_count += 1
        print(f'\t{row["name"]} salary: {row["salary"]}')
        line_count += 1
    print(f'Completed {line_count} lines.')
```

这里编写了一个辅助函数而不是在 with 语句写下所有的逻辑。这让读者很清楚函数 process_salary 实际是干什么的。如果你想要处理特定的异常或者想要从一个 CSV 文件读取更多数据，为了遵循单一职责原则，可以把这个函数再细分。

1.1.3 拥抱 Python 编写代码的方式

PEP8 中有一些对写出整洁并且更具有可读性的代码的可以遵循的建议。让我们看下其中的一些准则。

1. 更偏向使用 join 而不是内置的字符串连接符

每当你考虑代码性能时，使用 `""`.join() 方法（如 `""`.join([a, b])）而不是使用内置的字符串连接符（如 a += b 或者 a = a + b）。`""`.join() 方法保证在各种 Python 实现中连接操作耗时较少。

这是因为当你使用 join 时，Python 对已经连接的字符串只分配一次内存，但是当你使用连接符连接字符串时，Python 不得不为每一次连接字符串分配新的内存，因为 Python 字符串是不可更改的。如代码清单 1-13 所示。

代码清单1-13　使用join方法

```python
first_name = "Json"
last_name = "smart"

# Not a recommended way to concatenate string
full_name = first_name + "  " + last_name

# More performant and improve readability
" ".join([first_name, last_name])
```

2. 在判断是否为 None 时考虑使用 is 和 is not

在判断是否为 None 时，始终使用 is 或者 is not。在如下情况下，把这一点记在脑海里：

```python
if val:                    # Will work when val is not None
```

在上述代码中，确保记住你是要把 val 当作 None，而不是其他容器类型，例如 dict（字典）或者 set（集合）。让我们更加深入理解下这样的代码在哪种情况会让人感到惊讶。

在先前的代码中，如果 val 是一个空字典，val 会被当作是 false，它不是预想的那样，所以编写这种代码时一定要小心。

不要这样：

```
val = {}
if val:                    # This will be false in python context
```

相反，为了让你的代码更少地引发错误，应尽可能编写明确含义的代码（即显式地编写代码）。

而是应该这样：

```
if val is not None:        # Make sure only None value will be false
```

3. 更偏向使用 is not 而不是 not … is

`is not` 和 `not ... is` 没有什么差别。然而，`is not` 语法比起 `not ... is` 更具有可读性。

不要这样：

```
if not val is None:
```

而是应该这样：

```
if val is not None:
```

4. 绑定标识符时考虑使用函数而不是 lambda 表达式

当把 lambda 表达式赋值给一个特定标识符时，考虑使用函数。`lambda` 是 Python 实现一行代码操作的一个关键字，然而比起使用 `def` 关键字编写一个函数，使用 `lambda` 可能不是一个好的选择。

不要这样：

```
square = lambda x: x * x
```

而是应该这样：

```
def square(val):
    return val * val
```

`def square(val)` 函数对象比起泛型 `lambda` 更有助于字符串表示和回溯。这种类型的使用减少了 `lambda` 的实用性。考虑在较大的表达式中使用 `lambda`，这样就不会影响代码的可读性。

5. 与 return 语句保持一致

如果函数有返回值，确保任何执行此函数的地方都返回该值。确保在函数退出的所有地方都有返回表达式是很好的做法。但是如果一个函数只需要执行一个操作而不用返回一个值，Python 默认返回 None。

不要这样：

```python
def calculate_interest(principle, time rate):
    if principle > 0:
        return (principle * time * rate) / 100

def calculate_interest(principle, time rate):
    if principle < 0:
        return
    return (principle * time * rate) / 100
```

而是应该这样：

```python
def calculate_interest(principle, time rate):
    if principle > 0:
        return (principle * time * rate) / 100
    else:
        return None

def calculate_interest(principle, time rate):
    if principle < 0:
        return None
    return (principle * time * rate) / 100
```

6. 更偏向使用 "".startswith() 和 "".endswith()

当你需要检查前缀和后缀时，考虑使用 "".startswith() 和 "".endswith() 而不是切片。slice 对切片字符串是一个非常有用的方法，在切片大字符串或执行字符串操作时可能会获得更好的性能。然而，在做诸如检查前缀或者后缀这种简单的事情的时候，请使用 startswith 或者 endswith，因为这会让读者很清楚你正在对字符串前缀或后缀进行检查。换言之，这将使你的代码更具有可读性和更整洁。

不要这样：

```python
data = "Hello, how are you doing?"
if data[:5] == "Hello":
```

而是应该这样:

```
data = "Hello, how are you doing?"
if data.startswith("Hello")
```

7. 比较类型时更偏向使用 isinstance() 方法而不是 type()

当你对两个对象类型进行比较时，考虑使用 `isinstance()` 而不是 `type()`，因为 `isinstance()` 对子类返回 true。考虑这样一个场景：你传递的数据结构是类似于 `ordereddict` 的 `dict` 的子类，因为特定类型的数据结构，`type()` 会失败，然而 `isinstance()` 会识别出它是 `dict` 的子类。

不要这样:

```
user_ages = {"Larry": 35, "Jon": 89, "Imli": 12}
type(user_ages) == dict:
```

而是应该这样:

```
user_ages = {"Larry": 35, "Jon": 89, "Imli": 12}
if isinstance(user_ages, dict):
```

8. 比较 Boolean 值的 Python 化方法

在 Python 里，有很多比较 Boolean 值的方法

不要这样:

```
if is_empty = False
if is_empty == False:
if is_empty is False:
```

而是应该这样:

```
is_empty = False
if is_empty:
```

9. 为上下文管理器编写显式代码

当你使用 `with` 语句编写代码时，考虑使用函数来处理不同于资源获取和释放的其他任何操作。

不要这样：

```python
class NewProtocol:
    def __init__(self, host, port, data):
        self.host = host
        self.port = port
        self.data = data

    def __enter__(self):
        self._client = Socket()
        self._client.connect((self.host,
                                    self.port))
        self._transfer_data(data)

    def __exit__(self, exception, value, traceback):
        self._receive_data()
        self._client.close()

    def _transfer_data(self):
        ---

    def _receive_data(self):
        ---

con = NewProtocol(host, port, data)
with con:
    transfer_data()
```

而是应该这样：

```python
#connection
class NewProtocol:
    def __init__(self, host, port):
        self.host = host
        self.port = port
    def __enter__(self):
        self._client = socket()
        self._client.connect((self.host,
                                    self.port))

    def __exit__(self, exception, value, traceback):
        self._client.close()

    def transfer_data(self, payload):
        ...
    def receive_data(self):
        ...

with connection.NewProtocol(host, port):
    transfer_data()
```

在第一段代码中，Python 的方法 __enter__ 和 __exit__ 除了打开和关闭连接之外还执行了其他操作。最好显式地编写不同的函数来执行除了打开和关闭连接的操作。

10. 使用 Lint 工具来格式化代码

代码 linter 是一种格式化代码的重要工具。一个项目中保持一致的代码格式很有价值。

Lint 工具主要帮你解决以下问题：

❏ 语法错误。
❏ 结构化未使用过的变量或者向函数传递正确的参数。
❏ 指出违背 PEP8 规范的地方。

作为开发人员，Lint 工具使你的工作效率更高，因为它们通过在运行时查找问题来节省大量时间。Python 提供很多 Lint 工具，一些工具处理 lint 的特定部分，比如文档字符串（docstring）风格的代码质量，以及流行的 Python Lint 工具，比如 Flak8/Pylint 检查 PEP8 所有规则和 mypy 等专门用于检查 Python 类型标注的工具。

你可以将它们集成到你的代码中，也可以使用一个包含标准检查的代码，以确保你遵循 PEP8 风格规范。其中最著名的是 Flake8 和 Pylint。无论你选用哪一个工具，都要确保它符合 PEP8 的规则。

在 Lint 工具里可以找到一些特征：

❏ 遵循 PEP8 规则。
❏ 导入模块顺序。
❏ 命名（变量、函数、类、模块、文件等的 Python 命名）。
❏ 循环导入。
❏ 代码复杂度（通过分析代码行数、循环和其他参数来校验函数的复杂度）。
❏ 拼写检查。
❏ 文档字符串风格的检查。

运行 Lint 工具有不同的方式：

❏ 编码时使用 IDE。
❏ 在提交时使用预提交工具。
❏ 通过使用 Jenkins、CircleCI 等进行持续集成。

> **注意** 有一些常见的实践肯定会提高你的代码质量。如果你想最大限度地利用好 Python 的良好实践，请查看 PEP8 官方文档。同样，阅读 GitHub 上的良好代码将帮助你明白如何编写更好的 Python 代码。

1.2　使用文档字符串

在 Python 中，文档字符串是使代码文档化最有效的方法。

文档字符串通常写在方法、类和模块的第一个语句。一个文档字符串是其对象的 __doc__ 的特殊属性。

Python 官方推荐使用三个双引号来编写文档字符串。你可以在 PEP8 官方文档找到这些准则。让我们来简单讨论在 Python 代码里编写文档字符串的一些最佳实践，如代码清单 1-14 所示。

代码清单1-14　函数里的文档字符串

```
def get_prime_number():
    """Get list of prime numbers between 1 to 100."""
```

Python 推荐一种编写文档字符串的特殊方法。在本章，我们接下来会讨论编写文档字符串的不同的方法，然而这些不同方法遵循一些共同的规则。Python 定义如下规则：

❏ 即使字符串适合一行，也使用三重引号。当你想扩展时，这个规则很有用。
❏ 三重引号中的字符串前后不应有任何空行。
❏ 文档字符串中的语句应该使用句点（.）作为结束符。

类似地，可以使用 Python 多行文档字符串规则来编写多行文档字符串。在多行上

编写文档字符串是用更具描述性的方式注释代码。而不是写在每行的注释中，你可以在
Python 中利用 Python 多行文档字符串为代码编写描述性的文档字符串。这也有助于其他
开发人员在代码中找到文档，而不是参考那些冗长乏味的文档，如代码清单 1-15 所示。

代码清单1-15　多行文档字符串

```python
def call_weather_api(url, location):
    """Get the weather of specific location.

    Calling weather api to check for weather by using weather api
    and location. Make sure you provide city name only, country and
    county names won't be accepted and will throw exception if not
    found the city name.

    :param url:  URL of the api to get weather.
    :type url: str
    :param location:  Location of the city to get the weather.
    :type location: str
    :return: Give the weather information of given location.
    :rtype: str

    """
```

这里有一些地方要注意。

❑ 第一行是函数和类的简要描述。

❑ 最后一行末尾有个句点。

❑ 文档字符串中的简要描述和摘要之间有一行空白。

使用 Python 3 类型标注（typing）模块编写上述函数，如代码清单 1-16 所示。

代码清单1-16　使用类型标注的多行文档字符串

```python
def call_weather_api(url: str, location: str) -> str:
    """Get the weather of specific location.

    Calling weather api to check for weather by using weather api
    and location. Make sure you provide city name only, country and
    county names won't be accepted and will throw exception if not
    found the city name.
    """
```

如果你在 Python 代码里使用了类型标注，就没必要写参数信息了。

正如我提到的文档字符串的种类很多，多年来，从多种方式引入了新的文档字符串的编写方法。虽然没有更好或推荐的方法来编写文档字符串，但是，请确保在整个项目中对文档字符串使用相同的风格，以便它们具有一致的格式。

有四种不同的方式来编写文档字符串。

❑ 下面是谷歌的文档字符串例子：

```
"""Calling given url.

Parameters:
    url (str): url address to call.

Returns:
    dict: Response of the url api.
"""
```

❑ 下面是一个重新构造的文本示例（Python 官方文档推荐）：

```
""" Calling given url.

:param url: Url to call.
:type url: str

:returns: Response of the url api.
:rtype: dict
"""
```

❑ 下面是 NumPy/SciPy 文档字符串的例子：

```
""" Calling given url.

Parameters
----------
url : str
    URL to call.

Returns
-------
dict
    Response of url.
"""
```

❑ 下面是一个 Epytext 例子：

```
"""Call specific api.

@type url: str
@param file_loc: Call given url.
@rtype: dict
@returns: Response of the called api.
"""
```

1.2.1　模块级文档字符串

应该在文件的顶部放置一个模块级文档字符串来简要描述模块的用法。这些注释同样应该放在 `import` 之前。模块文档字符串应该关注模块的目标,包括模块里的所有方法和类,而不是描述一个特定的方法或者类。如果你认为某个方法或类在使用该模块之前需要在较高的级别上让客户端知道,则仍然可以简要地描述该方法或类,如代码清单 1-17 所示。

代码清单1-17　模块文档字符串

```
"""
This module contains all of the network related requests. This
module will check for all the exceptions while making the
network calls and raise exceptions for any unknown exception.
Make sure that when you use this module, you handle these
exceptions in client code as:
NetworkError exception for network calls.
NetworkNotFound exception if network not found.
"""

import urllib3
import json

....
```

当你为模块编写文档字符串时应该考虑做如下事情:

❑ 写一个简要的描述模块的目的。

❑ 如果你想详述任何有助于读者了解模块的内容,像在代码清单 1-15 一样,你可以增加异常信息,但是要注意不要太详细。

❑ 考虑模块文档字符串作为提供模块描述信息的方式,而不是所有函数或者类的操作细节。

1.2.2　使类文档字符串具有描述性

类文档字符串主要用于简要描述类的使用及其目标。让我们看看一些示例如何编写类文档字符串,如代码清单 1-18 所示。

代码清单1-18 单行文档字符串

```
class Student:
"""This class handle actions performed by a student."""

    def __init__(self):
        pass
```

这个类只有一行文档字符串，它简要描述了 **Student** 类。如前所述，确保遵循一行的规则。让我们考虑代码清单 1-19 所示的类的多行文档字符串。

代码清单1-19 多行类文档字符串

```
class Student:
    """Student class information.

    This class handle actions performed by a student.
    This class provides information about student full name,
    age, roll-number and other information.

    Usage:
    import student

    student = student.Student()
    student.get_name()
    >>> 678998
    """

    def __init__(self):
        pass
```

上述类文档字符串是多行的；我们编写了更多关于学生类的用法，以及如何使用它。

1.2.3 函数文档字符串

函数文档字符串可以写在函数之后或函数之前。函数文档字符串主要关注描述函数的操作，如果你没有使用 Python 类型标注，那么也可以考虑包含参数，如代码清单 1-20 所示。

代码清单1-20 函数文档字符串

```
def is_prime_number(number):
    """Check for prime number.
```

```
Check the given number is prime number or not by checking
against all the numbers less the square root of given number.

:param number:  Given number to check for prime.
:type number: int
:return: True if number is prime otherwise False.
:rtype: boolean
"""
        ...
```

1.2.4　一些有用的文档字符串工具

有很多用于 Python 的文档字符串工具。文档字符串工具通过将文档字符串转换为 HTML 格式的文档文件来帮助文档化 Python 代码。这些工具还通过运行简单的命令而不是手动维护文档来帮助你更新文档。从长远来看，让它们成为开发流程的一部分，会使它们更加有用。

下面是一些有用的文档工具，每个文档工具都有不同的目标，因此你选择哪一个将取决于你的使用场景。

❑ Sphinx：http://www.sphinx-doc.org/en/stable/

这是 Python 最流行的文档工具。这个工具将自动生成 Python 文档。它可以生成多种格式的文档文件。

❑ Pycoo：https://pycco-docs.github.io/pycco/

这是为 Python 代码生成文档的快速方法。此工具的主要功能是并排显示代码和文档。

❑ Read the docs：https://readthedocs.org/

这是开源社区中一个流行的工具，它的主要功能是为你构建版本和托管文档。

❑ Epydocs：http://epydoc.sourceforge.net/

该工具基于 Python 模块的文档字符串生成 API 文档。

使用这些工具使长期维护代码更加容易，并帮助你保持代码文档的一致格式。

> 🎥 **注意** 文档字符串是 Python 的一个很好的特性，它可以使编写代码文档变得非常容易。尽早开始在代码中使用文档字符串将确保当你的项目使用数千行代码时，你不需要花费太多时间。

1.3 编写 Python 的控制结构

控制结构是所有编程语言的基本部分，对于 Python 也是如此。Python 有很多方法可以编写控制结构，但是有一些最佳实践可以保持 Python 代码的整洁。在本节中，我们将研究这些控制结构的 Python 最佳实践。

1.3.1 使用列表推导

列表推导是一种编写代码的方法，以类似于 Python for 循环的方式解决现有问题，然而它允许在有或没有 if 条件的情况下在列表中做到这一点。Python 中有多种方法可以从一个列表派生出另一个列表。Python 中实现这一点的主要工具是 map（映射）和 filter（筛选）方法。但是，建议使用列表推导的方法，因为与其他选项（如 map 和 filter）相比，列表推导更具可读性。

在本例中，你尝试使用 map 的版本查找数字的平方：

```
numbers = [10, 45, 34, 89, 34, 23, 6]
square_numbers = map(lambda num: num**2, num)
```

以下是列表推导版本：

```
square_numbers = [num**2 for num in numbers]
```

让我们看看另一个例子，在这个例子中，对所有的真值使用一个过滤器，以下是 filter 的版本：

```
data = [1, "A", 0, False, True]
filtered_data = filter(None, data)
```

以下是列表推导版本：

```
filtered_data = [item for item in filter if item]
```

正如你可能已经注意到的，列表推导版本比 filter 和 map 版本可读性强得多。

Python 官方文档也建议你使用列表推导而不是 `filter` 和 `map`。

如果 `for` 循环中没有复杂的条件或复杂的计算，则应考虑使用列表推导。但是如果你在一个循环中做很多事情，为了可读性，最好还是使用循环。

为了进一步说明在 `for` 循环中使用列表推导的意义，让我们看一个需要从字符列表中识别元音的示例。

```python
list_char = ["a", "p", "t", "i", "y", "l"]
vowel = ["a", "e", "i", "o", "u"]
only_vowel = []
for item in list_char:
    if item in vowel:
        only_vowel.append(item)
```

以下是一个使用列表推导的例子：

```python
[item for item in list_char if item in vowel]
```

如你所见，与使用循环相比，使用列表推导时，此示例的可读性更强且代码行更少。此外，循环还有额外的性能开销，因为每次都需要将项追加到列表中，而在列表推导中不需要这样做。

类似地，与列表推导相比，调用 `filter` 和 `map` 函数时需要额外的开销。

1.3.2　不要使用复杂的列表推导

你还需要确保列表推导不太复杂，否则会妨碍代码的可读性且更容易出错。

让我们考虑使用列表推导的另一个例子。列表推导对于一个条件下最多两个循环是可行的。除此之外，它可能会妨碍代码的可读性。

下面是一个例子，你希望在其中转置这个矩阵：

```python
matrix = [[1,2,3],
          [4,5,6],
          [7,8,9]]
```

把它转换成如下：

```python
matrix = [[1,4,7],
          [2,5,8],
          [3,6,9]]
```

使用列表推导，你可能会如下编写代码：

```
return [[ matrix[row][col] for row in range(0, height) ] for
col in range(0,width) ]
```

这里的代码是可读的，而且使用列表推导是有意义的。你甚至可能希望以更好的格式编写代码，例如：

```
return [[ matrix[row][col]
        for row in range(0, height) ]
        for col in range(0,width) ]
```

当你具有如下的多个 if 条件时，可以考虑使用循环而不是列表推导：

```
ages = [1, 34, 5, 7, 3, 57, 356]
old = [age for age in ages if age > 10 and age < 100 and age is
not None]
```

上述代码中，很多事情都发生在一起，这很难阅读而且容易出错。在这里使用 for 循环而不是使用列表推导可能是一个好主意。

你可以考虑按如下方式编写此代码：

```
ages = [1, 34, 5, 7, 3, 57, 356]
old = []
for age in ages:
    if age > 10 and age < 100:
        old.append(age)
print(old)
```

如你所见，这有更多的代码行，但它更具有可读性而且也更整洁。

因此，一个好的经验规则是从列表推导开始，当表达式开始变得复杂或可读性开始受到妨碍时，转换为使用循环。

注
意　　明智地使用列表推导可以改进代码，但是过度使用列表推导可能会妨碍代码的可读性。因此，在处理复杂的语句时，遇到一个以上的条件或循环时，尽量不要使用列表推导。

1.3.3   应该使用 lambda 吗

在 lambda 对表达式有帮助的地方使用 lambda，而不是用它替换函数的使用。让我们考虑代码清单 1-21 中的示例。

代码清单1-21   使用不带赋值的lambda

```
data = [[7], [3], [0], [8], [1], [4]]
def min_val(data):
"""Find minimum value from the data list."""
    return min(data, key=lambda x:len(x))
```

在这里，代码使用 lambda 作为函数来查找最小值。但是，建议你不要将 lambda 用作如下匿名函数：

```
min_val = min(data, key=lambda x: len(x))
```

这里，使用 lambda 表达式用于 `min_val` 函数体计算，将 lambda 表达式作为函数编写会重复 `def` 的功能，这违反了 Python 以一种且只有一种方式做事的哲学。

PEP8 文档中提到了关于 lambda：

始终使用 `def` 语句，而不是将 lambda 表达式直接绑定到名称的赋值语句。

推荐：

def f(x): return 2*x

不推荐：

f = lambda x: 2*x

第一种形式表示结果函数对象的名称是"f"，而不是泛型"<lambda>"。这通常对于回溯和字符串表示更有用。使用赋值语句消除了 lambda 表达式相对于显式 def 语句所能提供的唯一好处（即它可以嵌入更大的表达式中）。

1.3.4   何时使用生成器与何时使用列表推导

生成器和列表推导的主要区别在于，列表推导将数据保存在内存中，而生成器则不这样做。

在下列情形下使用列表推导：

❑ 当需要多次遍历列表时。

❑ 当需要列出方法来处理生成器中不可用的数据时。

❑ 当没有大量的数据可以重复，并且你认为把数据保存在内存中不是问题时。

假设你希望从文本文件中获取文件行，如代码清单1-22 所示。

代码清单1-22　从文本当中读取文件

```
def read_file(file_name):
"""Read the file line by line."""
    fread = open(file_name, "r")
    data = [line for line in fread if line.startswith(">>")]
    return data
```

在这里，文件可能太大，以至于列表中有很多行可能会影响内存并使代码变慢。因此，你可能需要考虑在列表上使用生成器。请参见代码清单1-23 中的示例。

代码清单1-23　使用生成器从文档中读取文件

```
def read_file(file_name):
"""Read the file line by line."""
    with open(file_name) as fread:
        for line in fread:
            yield line

for line in read_file("logfile.txt"):
    print(line.startswith(">>"))
```

在代码清单1-23 中，不是使用列表推导将数据推入内存，而是一次读取每一行并执行操作。但是，可以传递列表推导以执行进一步的操作，查看它是否找到所有以 >> 开头的行，而生成器需要每次运行来查找以 >> 开头的行。

两者都是 Python 的优秀特性，如前所述使用它们会使代码具有良好的性能。

1.3.5　为什么不要在循环中使用 else

Python 循环中有一个 else 子句。基本上，你可以在代码中的 for 或 while 循环之后使用 else 子句。只有当从循环中正常退出时，代码中的 else 子句才会运行。如果使用中断关键字⊖退出循环，则不会进入代码的 else 子句部分。

一个带有循环的 else 子句会有点混乱，这使得许多开发人员避免使用这个特性。考虑到正常流中 if/else 条件的性质，这是可以理解的。

让我们看下代码清单 1-24 中的简单示例，代码试图在列表上循环，并在循环的后面有一个 else 子句。

代码清单1-24　有for循环的else子句

```
for item in [1, 2, 3]:
    print("Then")
else:
    print("Else")

Result:
    >>> Then
    >>> Then
    >>> Then
    >>> Else
```

乍一看，你可能认为它应该只打印三个 Then 子句，而不是 Else，因为在 if/else 块的正常情况下，这将被跳过。这是一种看待代码逻辑的自然方法，然而，这种假设在这里是不正确的。如果使用 while 循环，这会变得更加混乱，如代码清单 1-25 所示。

代码清单1-25　有while循环的else子句

```
x = [1, 2, 3]
while x:
    print("Then")
    x.pop()
else:
    print("Else")
```

⊖　如 break、raise 等。——译者注

结果如下：

```
>>> Then
>>> Then
>>> Then
>>> Else
```

在这里，`while` 循环一直运行到列表为空，然后运行 `else` 子句。

在 Python 中有这个功能是有原因的。一个主要的用例可以是在 `for` 和 `while` 循环之后有一个 `else` 子句，以便在循环结束后执行一个额外的操作。

让我们考虑代码清单 1-26 的例子。

代码清单1-26　有break的else子句

```
for item in [1, 2, 3]:
    if item % 2 = 0:
        break
    print("Then")
else:
    print("Else")
```

结果如下：

```
>>> Then
```

但是，有更好的方法来编写这段代码，而不是在循环之外使用 `else` 子句。可以将 `else` 子句与 `break` 条件在循环中一起使用，也可以不使用 `break` 条件。但是，不使用 `else` 子句也可以有多种方法来达到同样的目的。你应该在循环中使用 `break` 条件而不是 `else` 子句，因为这样会有被其他开发人员误解代码的风险，而且也很难一眼就理解代码。见代码清单 1-27。

代码清单1-27　使用break而不使用else子句

```
flag = True
for item in [1, 2, 3]:
    if item % 2 = 0:
        flag = False
        break
    print("Then")
if flag:
    print("Else")
```

结果如下：

```
>>> Then
```

这样的代码使阅读和理解变得更容易，并且在阅读代码时不易混淆。else 子句是编写代码的有趣方法，但是它可能会影响代码的可读性，因此避免使用它可能是解决问题的好方法。

1.3.6 为什么 range 函数在 Python 3 中更好

如果你使用过 Python 2，那么你可能使用过 xrange。在 Python 3 中，xrange 重命名为 range，并带有一些额外的特性。range 类似于 xrange 并生成一个迭代器。

```
>>> range(4)
range(0, 5)          # Iterable
>>> list(range(4))
[0, 1, 2, 3, 4]      # List
```

Python 3 的 range 函数中有一些新特性。与列表相比，range 的主要优点是它不将数据保存在内存中。与列表、元组和其他 Python 数据结构相比，range 表示一个不可变的可迭代对象，它总是占用较小且相同的内存量，而不管 range 的大小，因为它只存储 start、stop 和 step 值，并根据需要计算值。

有两件事情可以使用 range 做到，但是使用 xrange 却做不到。

❏ 你可以对两个 range 数据做比较。
```
>>> range(4) == range(4)
True
>>> range(4) == range(5)
False
```

❏ 你可以切片。
```
>>> range(10)[2:]
range(2, 10)
>>> range(10)[2:7, -1]
range(2, 7, -1)
```

range 有很多新特性，你可以从 https://docs.python.org/3.0/library/functions.html#range 查看更多详情。

另外，当需要处理代码中的数字而不是数字列表时，可以考虑使用 range，因为它比列表快得多。

在处理数字时，还建议在循环中尽可能多地使用迭代器，因为 Python 为你提供了一个类似 range 的方法来轻松地完成它。

不要这样：

```python
for item in [1, 2, 3, 4, 5, 6, 7, 8, 9, 10]:
    print(item)
```

而是应该这样：

```python
for item in range(10):
    print(item)
```

第一个循环在性能上要昂贵得多，如果这个列表刚好足够大，那么由于内存状况和从列表中弹出的数字，会使代码运行变得很慢。

1.4 引发异常

异常能够报告代码中的错误。在 Python 中，异常是由内置模块处理的。对异常机制有较好的理解非常重要，理解何时何地使用它们不会使代码易出错。

异常可以毫不费力地暴露代码中的错误，因此不要忘记在代码中添加异常。异常帮助 API 或库的使用者了解代码的限制，以便他们在使用代码时也可以使用良好的错误机制。在代码的正确位置引发异常可以极大地帮助其他开发人员理解你的代码，并使第三方客户在使用你的 API 时感到满意。

1.4.1 习惯引发异常

你可能想知道在 Python 代码中何时何地引发异常。

我通常更喜欢在发现当前代码块的基本假设为 false 时抛出异常。当代码失败时，在 Python 中更倾向使用异常。即使你有一个连续的错误，你也可以只引发一个异常。

让我们考虑一下，你需要在代码清单 1-28 中让两个数字相除。

代码清单1-28　数字相除引发异常

```
def division(dividend, divisor):
"""Perform arithmetic division."""
    try:
        return dividend/divisor
    except ZeroDivisionError as zero:
        raise ZeroDivisionError("Please provide greater than 0
        value")
```

正如你在这段代码中看到的，每当你假设代码中可能有错误时，都会引发异常。这有助于在调用这段代码时，当出现 ZeroDivisionErrov 时产生异常，并以不同的方式进行处理。请参见代码清单 1-29。

代码清单1-29　不引发异常的除法

```
result = division(10, 2)

What happens if we return None here as:

def division(dividend, divisor):
"""Perform arithmetic division."""
    try:
        return dividend/divisor
    except ZeroDivisionError as zero:
        return None
```

如果调用者不处理调用 division（dividened，divisor）方法失败的情况，即使代码中有 ZeroDivisionError，也会在发生异常时从 division（dividened，divisor）方法返回 None，则当代码大小增加或需求增加时，将来很难诊断变化。在出现任何故障或异常时最好避免使用 division（divident，divisor）函数返回 None，使调用者更容易了解在函数执行期间失败的原因。当我们引发异常时，我们让调用者预先知道输入值不正确以及需要提供正确的值，并避免隐藏的 bug。

从调用者的角度来看，获取异常比返回值更方便，返回值是 Python 风格，用于指示出现故障。

Python 的信条是"请求宽恕比请求许可更容易"。这意味着你不必事先检查以确保不会得到异常，相反，如果你获取异常，你可以处理它。

基本上，你希望确保每当你认为代码中存在失败的可能性时都会引发异常，以便调用类能够优雅地处理它们，而不会感到意外。

换句话说，如果你认为你的代码无法合理运行，并且还没有找到答案，请考虑抛出异常。

1.4.2 使用 finally 来处理异常

在 Python 中，`finally` 块中的代码总是会被运行。`finally` 关键字在处理异常时非常有用，特别是在处理资源时。无论是否引发异常，都可以使用 `finally` 来确保关闭或释放文件或资源。即使没有捕获异常或没有要捕获的指定的异常，也是这样的。见代码清单 1-30。

代码清单1-30　finally关键字的使用

```
def send_email(host, port, user, password, email, message):
"""send email to specific email address."""
try:
    server = smtlib.SMTP(host=host, port=port)
    server.ehlo()
    server.login(user, password)
    server.send_email(message)
finally:
    server.quite()
```

上述代码中，使用 `finally` 处理异常有助于清理服务器连接中的资源，以防在登录或发送电子邮件时发生某种异常。

可以使用 `finally` 关键字来编写关闭文件的代码块⊖，如代码清单 1-31 所示。

代码清单1-31　使用finally关键字关闭文件

```
def write_file(file_name):
"""Read given file line by line"""
    myfile = open(file_name, "w")
    try:
```

⊖　这并不是一种好方法，可以使用 `with` 语句来达到关闭文件的目的。——译者注

```
        myfile.write("Python is awesome")          # Raise
                                                    TypeError
    finally:
        myfile.close()              # Executed before TypeError
                                    propagated
```

上述代码中，你正在处理关闭 `finally` 块中的文件。无论是否有异常，`finally` 中的代码将始终运行并关闭该文件。

因此，当你希望执行某个代码块而不管是否存在异常时，你应该选择使用 `finally` 来执行。使用 `finally` 将确保明智地处理资源，此外还会让代码更整洁。

1.4.3　创建自己的异常类

当你正在创建一个 API 或库，或者正在处理一个希望定义自己的异常，以与项目或 API 一致的项目时，建议创建自己的异常类。这在诊断或调试代码时有极大帮助，同时也有助于使代码更整洁，因为调用者会知道抛出错误的原因。

假设在数据库中找不到用户时不得不引发异常，你想要异常类的名称反映错误的含意，异常类 `UserNotFoundError` 本身就解释了异常及其含义。

你可以在 Python 3+ 中定义自己的异常类，如代码清单 1-32 所示。

代码清单1-32　创建特定异常类

```
class UserNotFoundError(Exception):
"""Raise the exception when user not found."""
    def __init__(self, message=None, errors=None):
        # Calling the base class constructor with the parameter it needs
        super().__init__(message)
        # New for your custom code
        self.errors = errors

def get_user_info(user_obj):
"""Get user information from DB."""
    user = get_user_from_db(user_obj)
    if not user:
        raise UserNotFoundException(f"No user found of this id:
        {user_obj.id}")
```

```
get_user_info(user_obj)
>>> UserNotFoundException: No user found of this id: 897867
```

需要确保在创建自己的异常类时，异常类具有良好的边界并且是可描述的。确保只在找不到用户的地方使用 UserNotFoundException，并且能通知调用者在数据库中没有找到用户信息。为自定义的异常设置一组特定的边界可以更容易地诊断代码。当查看代码时，确切地知道为什么代码会抛出那个异常。

还可以为带有命名的异常类定义更广泛的作用域，但是该名称应该表示它处理特定类型的情况，如代码清单 1-33 所示。代码清单 1-33 显示了 ValidationError，你可以将其用于多个验证案例，但是它的范围是由与验证相关的所有异常定义的。

代码清单1-33　创建与范围相关的自定义的异常类

```
class ValidationError(Exception):
"""Raise the exception whenever validation failed.."""
    def __init__(self, message=None, errors=None):
        # Calling the base class constructor with the parameter
        it needs
        super().__init__(message)
        # New for your custom code
        self.errors = errors
```

与 UserNotFoundException 相比，ValidationError 的异常范围更广泛，可在你认为验证失败或没有有效输入时引发。但是，边界仍然由验证上下文定义，确保你知道异常的范围，并在该异常类的范围中发现错误时引发异常。

1.4.4　只处理特定的异常

当你捕获异常时，建议你仅仅捕获特定异常，而不是使用 except:clause(except:子句)。

```
except: or except Exception will handle each and every
exception, which can cause your code to hide critical bugs or
exceptions which you don't intend to.
```

(except: 或者 except Exception 将处理所有的异常，它会导致代码隐藏不想隐藏的关键错误或异常。)

让我们看下下面的代码片段，它使用 **try/catch** 块中的 **except** 子句调用函数
get_even_list。

不要这样：

```
def get_even_list(num_list):
"""Get list of odd numbers from given list."""
    # This can raise NoneType or TypeError exceptions
    return [item for item in num_list if item%2==0]

numbers = None
try:
    get_even_list(numbers)
except:
    print("Something is wrong")

>>> Something is wrong
```

这类代码隐藏了一个异常，比如 **NoneType** 或 **TypeError**，这显然是代码中的一
个 bug，客户端应用程序或服务将很难弄清楚它们为什么会收到"有问题"这样的消息。
相反，如果你用正确的消息引发一个特定类型的异常，API 客户端会明确知道发生了什
么问题。

在代码中使用 **except** 时，Python 内部将其视为 **BaseException**。有一个特定的
异常非常有帮助，特别是在更大的项目代码里。

而是应该这样：

```
def get_even_list(num_list):
"""Get list of odd numbers from given list."""
    # This can raise NoneType or TypeError exceptions
    return [item for item in num_list if item%2==0]

numbers = None
try:
    get_even_list(numbers)
except NoneType:
    print("None Value has been provided.")
except TypeError:
    print("Type error has been raised due to non sequential
    data type.")
```

处理特定异常有助于调试或诊断问题。调用者将立即知道代码失败的原因，并强制

你添加代码来处理特定的异常。这也使得你的代码在调用时不易出错。

根据 PEP8 文档，在处理异常时，如下情况应使用 except 关键字：

❑ 当异常处理程序打印或记录回朔时，至少用户会意识到在这种情况下发生了错误。

❑ 当代码需要做一些清理工作，但却让异常随着 raise 向上传播时，try…finally 是处理这种情况的更好的方法。

注意 处理特定异常是编写代码时的最佳实践之一，特别是在 Python 中，因为这将帮助你在调试代码时节省大量时间。同时，它将确保你的代码快速失败，而不是在代码中隐藏 bug。

1.4.5 小心第三方的异常

在调用第三方 API 时，了解第三方库引发的所有异常非常重要。了解所有类型的异常可以帮助你调试问题。

如果你认为一个异常不太适合你的场景，可以考虑创建自己的异常类。在使用第三方库时，如果要根据应用程序错误来重命名异常名称或在第三方异常中添加新消息，可以创建自己的异常类。

让我们看看代码清单 1-34 中的 botocore 客户端库。

代码清单1-34　创建一个自定义异常类

```
from botocore.exceptions import ClientError

ec2 = session.get_client('ec2', 'us-east-2')
try:
    parsed = ec2.describe_instances(InstanceIds=['i-badid'])
except ClientError as e:
    logger.error("Received error: %s", e, exc_info=True)
    # Only worry about a specific service error code
    if e.response['Error']['Code'] = 'InvalidInstanceID.NotFound':
        raise WrongInstanceIDError(message=exc_info, errors=e)

class WrongInstanceIDError(Exception):
```

```
"""Raise the exception whenever Invalid instance found."""
    def __init__(self, message=None, errors=None):
        # Calling the base class constructor with the parameter
        it needs
        super().__init__(message)
        # New for your custom code
        self.errors = errors
```

这里考虑两件事：

❑ 当在第三方库中发现特定错误时，添加日志会使调试第三方库中的问题更容易。
❑ 在这里，你定义了一个新的错误类来定义自己的异常。你可能不想为每个异常都这样做，但是如果你认为创建一个新的异常类会使你的代码更整洁、更具有可读性，那么请考虑创建一个新的类。

有时很难找到正确的方法来处理第三方库 /API 抛出的异常。至少了解一些由第三方库抛出的常见异常，这样会让你在遇到 bug 时更容易定位问题所在。

1.4.6　try 最少的代码块

每当处理代码中的异常时，请尽量将 try 块的代码保持在最少。这使其他开发人员更清楚代码的哪一部分可能会抛出错误。拥有最少代码或可能在 try 块中抛出异常的代码也有助于更轻松地调试问题。没有用于异常处理的 **try/catch** 块可能会稍微快一些，但是如果不处理异常，则可能会导致应用程序失败。所以，有个好的异常处理会使你的代码无错误，并可以在线上环境中节省成本。

让我们看一个例子。

不要这样：

```
def write_to_file(file_name, message):
"""Write to file this specific message."""
    try:
        write_file = open(file_name, "w")
        write_file.write(message)
        write.close()
    except FileNotFoundError as exc:
        FileNotFoundException("Please provide correct file")
```

如果仔细查看前面的代码，你会发现有可能出现不同类型的异常，`FileNotFound` 或 `IOError`。

可以在一行上使用不同的异常，也可以在不同的 try 块中编写不同的异常。

而是应该这样：

```
def write_to_file(file_name, message):
"""Write to given file this specific message."""
    try:
        write_file = open(file_name, "w")
        write_file.write(message)
        write_file.close()
    except (FileNotFoundError, IOError) as exc:
        FileNotFoundException(f"Having issue while writing into
        file {exc}")
```

即使在其他行上没有出现异常的风险，也最好按如下方式在 try 块中编写最少代码。

不要这样：

```
try:
    data = get_data_from_db(obj)
    return data
except DBConnectionError:
    raise
```

而是应该这样：

```
try:
    data = get_data_from_db(obj)
except DBConnectionError:
    raise
return data
```

这使得代码更整洁，并清楚地表明只有在访问 `get_data_from_db` 方法时，才会出现异常

1.5 小结

在本章中，学习了一些常见的实践，这些实践可以帮助你提高 Python 代码的可读性和简洁性。

　　此外，异常处理是用 Python 编写代码的最重要部分之一。对异常有很好的理解有助于维护应用程序。在大型项目中尤其如此，因为应用程序的不同运转部分由不同的开发人员处理，所以你有更多机会遇到各种生产问题。在代码的正确位置出现异常可以节省大量时间和金钱，特别是在调试生产中的问题时。日志记录和异常是任何成熟的软件应用程序中最重要的两个部分，因此提前对它们进行规划并将它们作为软件应用程序开发的核心部分将有助于编写更易于维护和可读的代码。

数 据 结 构

数据结构是组成任何编程语言的基本模块。掌握好数据结构可以节省大量时间，并且使用它们可以使代码易于维护。Python 有许多用于存储数据的数据结构，了解在什么时候使用哪种数据结构，会对内存、易用性和代码性能方面有比较大的差异。

本章首先介绍一些常见的数据结构，并解释在代码中如何使用它们。之后还将介绍在特定情况下使用这些数据结构的优点。接下来，你可以思考一下在 Python 中使用字典的重要性。

2.1　常用数据结构

Python 中有许多主要的数据结构。在本节中，你将了解最常见的数据结构。对数据结构概念有较好的理解会对编写代码有很大的帮助。巧妙地使用数据结构可以提高代码的性能，减少 bug。

2.1.1　使用集合

集合（set）是 Python 中的基本数据结构，它也是最容易被忽视的。使用集合的主要好处是速度快。那么，让我们来看看集合的其他特性：

❑ 集合元素不能重复。

❑ 不支持索引访问集合里的元素。

❑ 集合使用散列表之后，可以在 O(1) 时间内访问元素。

❑ 集合支持一些常见的操作，如列表的切片和查询。

❑ 集合可以在插入元素时对元素进行排序。

考虑到这些约束条件，当你不需要数据结构中的通用功能时，可以使用集合，这将使你的代码在访问数据时速度更快。代码清单 2-1 展示了使用集合的示例。

代码清单2-1　使用集合访问数据

```
data = {"first", "second", "third", "fourth", "fifth"}
if "fourth" in data:
    print("Found the Data")
```

集合是使用散列表实现的，因此每当一个新项添加到集合中时，该项在内存中的位置由散列的对象确定。这就是为什么散列在访问数据时性能非常好。如果你有数千个元素，并且需要经常访问这些元素，那么使用集合的速度会更快，而不要使用列表。

接下来看另一个例子（代码清单 2-2），其中使用到的集合非常有用，它能够保证你的数据不会重复。

代码清单2-2　使用集合去重

```
data = ["first", "second", "third", "fourth", "fourth",
"fifth"]
no_duplicate_data = set(data)
>>> {"first", "second", "third", "fourth", "fifth"}
```

集合可用作字典的键，也可以使用集合用作其他数据结构的键，如列表（list）。

让我们思考代码清单 2-3 的示例，从数据库生成一个字典，其中 ID 值作为键，键的值为用户名字和姓氏。

代码清单2-3　集合用作姓氏和名字

```
users = {'1267':{'first': 'Larry', 'last':'Page'},
         '2343': {'first': 'John', 'last': 'Freedom'}}
```

```
ids = set(users.keys())
full_names = []
for user in users.values():
    full_names.append(user["first"] + "" + user["last"])
```

这将给出一组 ID 和一个全名列表。如你所见，集合可以从列表派生。

> 注意 集合是很有用的数据结构，当需要经常访问数字列表中的项时，并且在 O(1) 时间内访问这些项，可以考虑使用集合。在下次需要使用数据结构时，建议在考虑使用列表或元组之前优先考虑一下集合能不能满足需求。

2.1.2 返回和访问数据时使用 namedtuple

namedtuple 从根本上说是一个带有数据名称的元组。namedtuple 包含元组的全部特性，但也有一些元组没有的额外特性。使用 namedtuple 可以很容易创建轻量级对象类型。

namedtuple 使你的代码更加具有 Python 特色。

1. 访问数据

使用 namedtuple 访问数据可以提高代码的可读性。如果你想创建一个类，使其值在初始化后不会被更改。你可以创建一个类似代码清单 2-4 所示的类。

代码清单2-4　不可变的类

```
class Point:
    def __init__(self, x, y, z):
        self.x = x
        self.y = y
        self.z = z

point = Point(3, 4, 5)
point.x
point.y
point.z
```

如果你不想改变 Point 类里面的值，并且更喜欢使用 namedtuple 编写，这将会提高代码的可读性，如代码清单 2-5 所示。

代码清单2-5   namedtuple实现

```
Point = namedtuple("Point", ["x", "y", "z"])
point = Point(x=3, y=4, z=5)
point.x
point.y
point.z
```

正如你所见，此处代码的可读性比使用普通类的好，且代码行数更少。因为 namedtuple 使用的内存和元组一样，因此性能也和元组一样。

你可能很好奇为什么不使用 dict 代替 namedtuple，因为 namedtuple 更容易编写。

无论是否被命名，元组都是不可变的。namedtuple 通过使用名称访问而不是索引访问，使访问数据更加方便。namedtuple 还有一个严格的限制，即字段名必须是字符串。此外，namedtuple 不执行任何散列操作，因为它生成一个类型（type）。

2. 返回数据

通常你会以元组的形式返回数据。然而，你应该考虑使用 namedtuple 来返回数据，因为它使代码在没有太多上下文的情况下更具有可读性。我甚至建议，当数据从一个函数传递到另一个函数时，应该考虑是否可以使用 namedtuple，因为它使代码更具有 Python 特色和可读性。让我们思考代码清单 2-6。

代码清单2-6   将函数的值以元组的形式返回

```
def get_user_info(user_obj):
    user = get_data_from_db(user_obj)
    first_name = user["first_name"]
    last_name = user["last_name"]
    age = user["age"]
    return (first_name, last_name, age)

def get_full_name(first_name, last_name):
    return first_name + last_name

first_name, last_name, age = get_user_info(user_obj)
full_name = get_full_name(first_name, last_name)
```

那么，这些函数有什么问题呢？问题在返回值。值得注意的是，从数据库中获取数据之后，将返回用户的 `first_name`、`last_name` 和 `age` 的值。考虑到需要将这些值传递给其他函数，如 `get_full_name` 函数，当读取代码时，正在传递的这些值会给你带来视觉影响。如果像这样有更多的值需要传递时，很难想象在遵循代码规则的情况下会有多困难。如果将这些值封装到数据结构中，以此来提供上下文而不编写额外的代码，结果可能会更好。接下来，让我们使用 `namedtuple` 重写这段代码，这将会更有意义。如代码清单 2-7 所示。

代码清单2-7 使用namedtuple返回函数的值

```python
def get_user_info(user_obj):
    user = get_data_from_db(user_obj)
    UserInfo = namedtuple("UserInfo", ["first_name", "last_
    name", "age"])

    user_info = UserInfo(first_name=user["first_name"],
                         last_name=user["last_name"],
                         age=user["age"])

    return user_info

def get_full_name(user_info):
    return user_info.first_name + user_info.last_name
user_info = get_user_info(user_obj)
full_name = get_full_name(user_info)
```

使用 `namedtuple` 编写代码会给出上下文，而不需要在代码中提供额外的信息。`user_info` 作为 `namedtuple` 给出了额外的上下文，而没有在函数 `get_user_info` 中返回时显式设置。因此，使用 `namedtuple` 可以使代码在长期运行状态下更加具有可读性和可维护性。

如果你需要返回 10 个值，通常情况下，可以考虑把返回的值放入 `tuple` 或 `dict`。当数据移动时，这两种数据结构都不是非常具有可读性。元组不会为 `tuple` 中的数据提供任何上下文或名称，并且 `dict` 不具有不可变性。当你不想在第一次赋值后更改数据时，这会对你产生约束。`namedtuple` 填补了这两个空白。

最后，如果想要将 `namedtuple` 类型转化为 `dict` 类型或者将列表转化为 `namedtuple` 类型，`namedtuple` 将为你提供简便的方法。因此，使用它们非常灵活，下次创建不可变的数据或返回多个值的类时，可以考虑使用 namedtuple 以提高代码的可读性和可维护性。

注意　在你认为对象表示法会使你的代码更符合 Python 风格和更具备可读性的地方，你应该使用 namedtuple 而不是 tuple。当有多个值需要在上下文传递时，我通常会考虑使用 namedtuple。在这些情况下，namedtuple 可以满足要求，因为它使代码更具有可读性。

2.1.3　理解 str、Unicode 和 byte

了解 Python 语言中的一些基本概念将帮助你成为一个开发人员，同时会让你在处理数据方面成为一个更好的程序员。具体来讲，在 Python 中，简单地理解 str、Unicode 和 byte 能够帮助你在工作中很好地处理数据。由于 Python 内置库与其简单性，使代码在处理数据或处理与数据相关时更加简洁。

你可能已经知道，str 在 Python 中代表字符串类型，如代码清单 2-8 所示。

代码清单2-8　给str赋予不同的值

```
p = "Hello"
type(p)
>>> str

t = "6"
type(t)
>>> str
```

Unicode 几乎为所有语言中的每个字符串都提供了唯一的标识，如下所示：

```
0x59 : Y
0xE1 : á
0x7E : ~
```

Unicode 分配给字符的数字称为代码点（code point）。那么，Unicode 的作用是什么呢？

Unicode 的作用是为几乎所有语言的每个字符提供一个唯一的 ID，不论什么语言，都可以对任何字符使用 Unicode 代码点。通常，Unicode 的格式是首位有 U，紧接着是至少 4 个十六进制数字。

因此，需要记住的是，Unicode 所做的一切是为每个字符分配一个名为代码点的数字 ID，这样就有了一个明确的指引。

将任何字符串映射到位模式，此过程称为编码（encoding）。这些位模式用于计算机的内存或磁盘上，可以通过多种方式对字符进行编码，最常见的方法就是 ASCII、ISO-8859-1 和 UTF-8。

Python 解释器使用 UTF-8 进行编码。

接下来，让我们简要地谈谈 UTF-8。UTF-8 将所有的 Unicode 字符映射到长度为 8、16、24 或 32 的位模式，与它们相对应的是 1、2、3 或 4 个字节。

例如，Python 解释器将 a 转换为 01100001，并将 å 转换为 11000011 01011111 (0xC3 0xA1)。因此很容易理解 Unicode 为何如此有用。

> **注意** 在 Python 3 中，所有字符串都是 Unicode 字符序列。所以，你不需要将字符串编码为 UTF-8 或者将 UTF-8 解码为字符串。你仍然可以使用字符串编码方法将字符串转换为字节并将字节转换回字符串。

2.1.4 谨慎使用列表，优先使用生成器

迭代器非常有用，特别是用来处理大量数据的时候。我见过一些代码，人们使用列表来存储数据序列，但是它会存在内存泄漏的风险，从而影响系统的性能。

让我们来思考一下代码清单 2-9。

代码清单2-9 使用列表返回素数

```
def get_prime_numbers(lower, higher):
    primes = []
    for num in range(lower, higher + 1):
        for prime in range(2, num + 1):
```

```
            is_prime = True
            for item in range(2, int(num ** 0.5) + 1):
                if num % item == 0:
                    is_prime = False
                    break
        if is_prime:
            primes.append(num)
print(get_prime_numbers(30, 30000))
```

这样的代码存在什么问题呢？第一，可读性低；第二，存在内存泄漏的风险，因为你正在向内存中存储大量的数据。如何使这段代码在可读性和性能方面更好？

在这里可以考虑使用生成器，它使用 `yield` 关键字来生成数字，并且可以使用它们作为迭代器来弹出值。让我们使用迭代器重写这个示例，如代码清单 2-10 所示。

代码清单2-10   对素数使用生成器

```
def is_prime(num):
        prime = True
    for item in range(2, int(math.sqrt(num)) + 1):
        if num % item == 0:
            prime = False
    return prime
def get_prime_numbers(lower, higher):
    for possible_prime in range(lower, higher):
        if is_prime(possible_prime):
            yield possible_prime
        yield False
for prime in get_prime_numbers(lower, higher):
    if prime:
        print(prime)
```

这段代码的可读性和性能都很好。另外，生成器会在无意中迫使你考虑重构代码。在这里，返回列表中的值会使代码更加冗余，而生成器避免了这个问题。

我观察到一个很常见的情况就是，迭代器在从数据库获取数据时非常有用，尤其是在你不知道要获取多少行数据时。当你试图将这些值保存在内存中时，可能启用内存工作模式。相反，尝试使用迭代器，它将立即返回一个值，然后转到下一行给出下一个值。

当你需要通过 ID 访问数据库以获取用户的年龄和姓名时，你知道数据库中 ID 的索引和数据库中用户的总个数，即 1 000 000 000。大多数情况下，我发现在一些代码里面，开发人员试图使用列表从块（chunk）中获取数据。代码清单 2-11 给出了一个很好的例子。

代码清单2-11　访问数据库并将结果存储在列表中作为块

```
def get_all_users_age(total_users=1000):
    age = []
    for id in total_users:
        user_obj = access_db_to_get_users_by_id(id)
        age.append([user.name, user.age])
    return age

total_users = 1000000000
for user_info in range(total_users):
    info = get_all_users_age()
    for user in info:
        print(user)
```

在这里，你试图通过访问数据库来获取用户的年龄和姓名。但是，当系统中没有足够的内存时，这种方法可能不是很好。因为你正在选择一个你认为安全的方式来存储用户信息，然而并不能保证这一点。Python 提供了一个生成器作为解决方案，来避免这些问题，并在代码中解决这些问题。你可以考虑重写这些代码，如代码清单 2-12。

代码清单2-12　使用迭代器方法

```
def get_all_users_age():
    all_users = 1000000000
    for id in all_users:
        user_obj = access_db_to_get_users_by_id(id)
        yield user.name, user.age

for user_name, user_age in get_all_users_age():
    print(user_name, user_age)
```

> 🔖注意　生成器在 Python 中是非常有用的特性，因为生成器能够使代码具有可读性。同时，生成器还会强制开发者考虑代码的可读性。

2.1.5 使用 zip 处理列表

当有两个列表需要并行处理时，可以考虑使用 zip。它是 Python 的内置函数，并且非常高效。

假设数据库的用户表中有一个用户名字段和薪酬字段，你希望将它们合并到另一个列表中，并将其作为所有用户的列表返回。函数 get_users_name_from_db 和 get_users_salary_from_db 提供了一个用户列表和相应的用户薪酬，你怎么能把它们合并起来呢，其中一种方法如代码清单 2-13 所示。

代码清单2-13　合并列表

```python
def get_user_salary_info():
    users = get_users_name_from_db()
    # ["Abe", "Larry", "Adams", "John", "Sumit", "Adward"]

    users_salary = get_users_salary_from_db()
    #  ["2M", "1M", "60K", "30K", "80K", "100K"]

    users_salary = []
    for index in range(0, len(users)):
        users_salary.append([users[index], users_salary[index]])

    return users_salary
```

有没有更好的方法来解决这个问题呢？ Python 有一个名为 zip 的内置函数，可以轻松地处理这部分，如代码清单 2-14 所示。

代码清单2-14　使用zip

```python
def get_user_salary_info():
    users = get_users_name_from_db()
    # ["Abe", "Larry", "Adams", "John", "Sumit", "Adward"]

    users_salary = get_users_salary_from_db()
    #  ["2M", "1M", "60K", "30K", "80K", "100K"]

    users_salary = []
    for usr, slr in zip(users, users_salary):
        users_salary.append([usr, slr])

    return users_salary
```

如果你有大量的数据，此处可以考虑使用生成器，而不是使用列表存储。`zip` 可以很容易并行处理合并两个列表，因此使用 `zip` 可以更高效地完成这些工作。

2.1.6 使用 Python 的内置库

Python 有很多非常棒的内置库，考虑到这些库很多，因此本章不能全部列举出来。接下来将介绍一些基本的数据结构库，这些库可以对代码产生重大影响并提高代码的质量。

1. collections

这是使用最广泛的库之一，同时也有很有用的数据结构。特别是 `namedtuple`、`defaultdict` 和 `orderddict`。

2. csv

使用 `csv` 读取和写入 CSV 文件。`csv` 不需要在读取文件时编写自己的方法，因此可以节省大量的时间。

3. datetime 和 time

毫无疑问 `datetime` 和 `time` 是最常用的两个库。事实上，你可能已经遇到过它们。如果没有遇到，在不同的场景中熟悉这些库中可用的不同方法是有益的，尤其是在处理计时问题时。

4. math

`math` 库中有很多很有用的方法，用来执行从基础到高级的数学计算。在寻找第三方库来解决数学问题之前，可以尝试看看这个库中是否已经有解决的方法。

5. re

目前，没有可以替代 `re` 库来执行正则的方案。事实上，`re` 是 Python 语言中最好的库之一。如果你非常了解正则表达式，你可以变着花样使用 re 库。在使用正则表达式时，它提供了一些方法，可以更容易地执行一些比较困难的操作。

6. tempfile

这是一个很好的内置库，用来创建一次性临时文件。

7. itertools

在这个库中最有用的方法是排列和组合。但是，如果你想深入研究它，你将会发现使用迭代工具可以解决很多计算机问题。它还有一些很有用的函数，如 dropwhile、product、chain 和 islice。

8. functools

如果你是喜欢函数式编程的开发人员，functools 库非常适合你。它有许多函数，可以帮助你以一种更实用的方式来思考代码。最常见的部分就在这个库里。

9. sys 和 os

当你要执行一些特殊的操作系统或者 OS 级别的操作，可以使用 sys 库和 os 库。sys 库和 os 库提供了一些方法，使操作系统能够做出许多令人惊奇的事情。

10. subprocess

subprocess 库可以帮助你在系统上毫不费力地创建多个进程。该库易于使用，它创建多个进程并使用多个方法来处理它们。

11. logging

没有良好的日志记录功能，任何大型项目都不可能成功。Python 的 logging 库可以帮助你轻松地将日志添加到系统中。它有不同的方式输出日志，如控制台、文件和网络。

12. json

JSON 是通过网络和 API 传递信息的实际标准。Python 的 `json` 库非常适用于处理不同的场景。`json` 库接口易于使用，并且其文档也非常好用。

13. pickle

在日常编程中你可能不会使用它，但每当需要序列化和反序列化 Python 对象时，没有比 `pickle` 更好的库。

14. __future__

这是一个伪模块，它支持与当前解释器不兼容的新语言特性。因此，如果你想用未来的版本，你可能需要考虑在代码中使用它们。如代码清单 2-15 所示。

代码清单2-15　使用__future__

```
from __future__ import division
```

> 🔊注意　Python 拥有丰富的库，可以为你解决许多问题。了解它们是弄清楚它们能为你做什么的第一步。熟悉 Python 内置库对长期使用有好处。

现在，你已经在 Python 中探索了一些最常见的数据结构，让我们深入了解一下 Python 中最常见的数据结构之一：字典。如果你正在编写专业的 Python 代码，你肯定会使用字典，让我们更进一步了解它们。

2.2　使用字典

字典是 Python 中最常用的数据结构之一。字典是一种可以更快地访问数据的方法。Python 有很简洁的内置字典库，这也使它们更便于使用。在本节中，你将更紧密地接触字典中一些有用的特性。

2.2.1 何时使用字典与何时使用其他数据结构

当你需要映射数据时，可以考虑在代码中使用字典作为数据结构。如果你正在存储需要映射的数据，并且想要快速访问它，那么使用字典就是最明智的选择。但是，你不想所有的数据存储都使用字典。因此，例如一个例子，考虑到一种情况，当你需要一个类的额外机制或需要一个对象时，或者当你需要数据结构中的数据具有不可变性，可以考虑使用 tuple 或 namedtuple。考虑构建代码时所需的特定数据结构。

2.2.2 collections

collections 是 Python 中很有用的模块之一，也是高性能的数据结构。collections 具有许多接口，这些接口对于执行具有 dictionary 的不同任务是非常有用的。因此，让我们看看 collections 中一些主要的工具。

1. Counter

Counter 提供了一种便利的方法用来计算相同的数据，如代码清单 2-16 所示。

代码清单2-16　Counter

```
from collections import Counter

contries  = ["Belarus", "Albania", "Malta", "Ukrain",
"Belarus", "Malta", "Kosove", "Belarus"]
Counter(contries)
>>> Counter({'Belarus': 2, 'Albania': 1, 'Malta': 2, 'Ukrain':
1, 'Kosove': 1})
```

Counter 是 dict 的一个子类，它是一个有序集合，其中元素存储为字典的键，计数存储为键的值。这是计算值个数的最有效方法之一。Counter 有许多有用的方法，如 most_common()，顾名思义，返回最常见的元素及其个数。如代码清单 2-17 所示。

代码清单2-17　Counter中的most_common()方法

```
from collections import Counter

contries  = ["Belarus", "Albania", "Malta", "Ukrain",
"Belarus", "Malta", "Kosove", "Belarus"]
```

```
contries_count = Counter(contries)
>>> Counter({'Belarus': 2, 'Albania': 1, 'Malta': 2, 'Ukrain':
1, 'Kosove': 1})
contries_count.most_common(1)
>>> [('Belarus', 3)]
```

其他方法如 `elements()` 返回一个迭代器，其中元素的重复次数与计数次数相同。

2. deque

如果要创建队列和栈，可以考虑使用 `deque`。它允许从左到右追加值，而且 `deque` 还以相同的 O(1) 性能从任何一侧支持线程安全和内存效率高的追加（`append`）和弹出（`pop`）操作。`deque` 还有以下方法：`append(x)` 从右侧追加 x，`appendleft(x)` 从左侧追加 x，`clear()` 清除所有的元素，`pop()` 从右侧弹出元素，`popleft()` 从左侧弹出元素，`reverse()` 反转元素。让我们看看其中一些案例，如代码清单 2-18 所示。

代码清单2-18 deque

```
from collections import deque

# Make a deque
deq = deque("abcdefg")

# Iterate over the deque's element
[item.upper() for item in deq]
>>> deque(["A", "B", "C", "D", "E", "F", "G"])

# Add a new entry to right side
deq.append("h")
>>> deque(["A", "B", "C", "D", "E", "F", "G", "h"])
# Add an new entry to the left side
deq.appendleft("I")
>>> deque(["I", "A", "B", "C", "D", "E", "F", "G", "h"])

# Remove right most element
deq.pop()
>>> "h"

# Remove leftmost element
deq.popleft()
>>> "I"
# empty deque
deq.clear()
```

3. defaultdict

defaultdict 工 作 方 式 与 dict 类 似，因 为 它 是 dict 的 子 类。用 函 数 default_factory 初始化 defaultdict，该函数不带参数，并为不存在的键提供默认值。defaultdict 不会像 dict 那样引发 KeyError 错误。任何不存在的键都会获得 default_factory 函数返回的值。

让我们看一个简单的例子，如代码清单 2-19 所示。

代码清单2-19 defaultdict

```
from collections import defaultdict
# Make a defaultdict
colors = defaultdict(int)
# Try printing value of non-existing key would give us default
values
colors["orange"]
>>> 0
print(colors)
>>> defaultdict(int, {"orange": 0})
```

4. namedtuple

collecions 模块中使用最多的工具之一就是 namedtuple。它是一个具有指定字段和固定长度的 tuple 子类。在代码中任何使用元组的地方都可以使用 namedtuple。namedtuple 是一个不可变的列表，可以更容易地读取代码和访问数据。在前面我已经讨论过 namedtuple，所以请参考这个结果来了解它的更多信息。

5. ordereddict

使用 ordereddict 可以按特定顺序获取键。dict 没有将给你的顺序作为插入顺序，这是 ordereddict 的主要特性。在 Python 3.6+ 中，dict 还具有在默认情况下，按插入顺序排序的特性。

让我们看一个例子，如代码清单 2-20 所示。

代码清单2-20　ordereddict

```
from collections import ordereddict

# Make a OrderedDict
colors = OrderedDict()

# Assing values
colors["orange"] = "ORANGE"
colors["blue"] = "BLUE"
colors["green"] = "GREEN"

# Get values
[k for k, v in colors.items()]
>>> ["orange", "blue", "green"]
```

2.2.3　有序字典、默认字典、普通字典

在前面的章节里已经涉及了一些关于字典的主题。现在，让我们仔细看看一些不同类型的字典。OrderedDict 和 DefaultDict 字典类型是 dict 类（普通字典）的子类，并添加了一些特性使它们与 dict 区别开来。然而，它们具有与普通字典相同的特性。在 Python 中使用这些字典类型是有原因的，接下来将讨论如何使用这些不同的字典来更好地利用这些库。

从 Python 3.6 开始，dict 按插入顺序排序，这实际上降低了 OrderedDict 的效率。让我们一起讨论一下 Python 3.6 版本之前的 OrderedDict。在将它们插入字典时，OrderedDict 会给出有序的值。有时候你可能希望代码可以以有序的方式访问数据，此时可以考虑使用 OrderedDict。与字典相比，OrderedDict 没有任何额外的成本，所以性能方面两者是相同的。

假设你希望在第一次引入编程语言时存储，可以使用 OrderedDict 在创建年份之前获取该语言的信息，如代码清单 2-21 所示。

代码清单2-21　OrderedDict

```
from collections import OrderedDict

# Make a OrderedDict
language_found = OrderedDict()
```

```
# Insert values
language_found ["Python"] = 1990
language_found ["Java"] = 1995
language_found ["Ruby"] = 1995

# Get values
[k for k, v in langauge_found.items()]
>>> ["Python", "Java", "Ruby"]
```

有时候，在访问或者插入字典的键时，你想给键分配默认值。在普通的字典中，如果键不存在，就会出现 KeyError。然而 defaultdict 会为你创建默认键，参见代码清单 2-22。

代码清单2-22　defaultdict

```
from collections import defaultdict

# Make a defaultdict
language_found = defaultdict(int)

# Try printing value of non-existing key
language_found["golang"]
>>> 0
```

在这里，当你调用 defaultdict 并尝试访问不存在的 golang 键时，内部 defaultdict 将调用函数对象（在 language_found 容器中是 int 函数）。这是在构造函数中传递的函数对象。它是一个可调用的对象，它包括函数和对象类型。所以，你传递的 int 是 defaultdict 中的函数。当你尝试访问不存在的键，它会调用已传递的函数，将其返回的值指定为新键的值。

正如你所了解，字典是 Python 中的键值集合。很多高级库，如 defaultdict 和 OrderedDict 正在字典的基础上构建，以添加一些没有额外成本的新特性。毫无疑问，dict 会稍微快一点，但是大多数情况下都没有太大的差别。因此，在为这些问题编写自己的解决方案时，请考虑使用 defaultdict 和 OrderedDict。

2.2.4　使用字典的 switch 语句

Python 没有 switch 关键字。然而，Python 有许多特性以一种更整洁的方式使用

switch 的功能。你可以利用 dictionary 来替代 switch 语句，而且当你根据特定的标准有多个选项可供选择时，你也应该考虑以这种方式编写代码。

思考一个根据特定国家的税收规则计算每个县的税收的系统。有多种方法可以做到这一点，然而，拥有多个选项的最困难部分是在代码中不添加多个 if-else 条件。让我们看看如何更优雅地使用字典来解决这个问题。参见代码清单 2-23。

代码清单2-23 使用字典的switch语句

```python
def tanzania(amount):
    calculate_tax = <Tax Code>
    return calculate_tax

def zambia(amount):
    calculate_tax = <Tax Code>
    return calculate_tax

def eritrea(amount):
    calculate_tax = <Tax Code>
    return calculate_tax

contry_tax_calculate = {
    "tanzania": tanzania,
        "zambia": zambia,
    "eritrea": eritrea,
}
def calculate_tax(country_name, amount):
    country_tax_calculate[country_name](amount)

calculate_tax("zambia", 8000000)
```

在这里，你只需要使用字典来计算税额，与使用特有的 switch 语句相比，这会使代码更加优雅而且可读性更强。

2.2.5 合并两个字典的方法

假设你有两个想合并的字典。与以前的版本相比较，在 Python 3.5+ 中这样做要简单得多。合并任何两个数据结构都是很棘手的，因为在合并数据结构时，你需要特别注意内存的使用和数据的丢失。如果你使用额外的内存来保存合并的数据结构，考虑到字典中数据的大小，你应该要了解系统的内存限制。

数据丢失也是一个关注点。你可能会发现，某些数据由于特定的数据结构限制而丢失，例如在字典中，你不能设置重复的键。因此，当你在字典之间执行合并操作时，请记住这些事情。

在 Python 3.5+ 中，你可以这样做，如代码清单 2-24 所示。

代码清单2-24　在Python 3.5+中合并字典

```
salary_first = {"Lisa": 238900, "Ganesh": 8765000, "John":
3450000}
salary_second = {"Albert": 3456000, "Arya": 987600}
{**salary_first, **salary_second}
>>> {"Lisa": 238900, "Ganesh": 8765000, "John": 345000,
"Albert": 3456000, "Ary": 987600}
```

然而，在 Python 3.5 之前的版本，你可以通过一些额外的工作来完成这个任务。请参见代码清单 2-25。

代码清单2-25　在Python 3.5之前的版本中合并字典

```
salary_first = {"Lisa": 238900, "Ganesh": 8765000, "John":
3450000}
salary_second = {"Albert": 3456000, "Arya": 987600}
salary = salary_first.copy()
salary.update(salary_second)
>>> {"Lisa": 238900, "Ganesh": 8765000, "John": 345000,
"Albert": 3456000, "Ary": 987600}
```

Python 3.5+ 有 PEP 448，它建议扩展使用 *（迭代解包装运算符）和 **（字典解包装运算符）。这肯定会提高代码的可读性。这不仅仅适用于字典，也适用于 Python 3.5 版本之后的列表。

2.2.6　优雅地打印字典

Python 有一个名为 pprint 的模块，因此你可以很好地打印内容。你需要导入 pprint 包来执行操作。pprint 允许你在打印任何数据结构时提供缩进选项。缩进将应用于你的数据结构，如代码清单 2-26 所示。

代码清单2-26　使用pprint打印字典

```
import pprint

pp = pprint.PrettyPrinter(indent=4)
pp.pprint(colors)
```

对于嵌套更多且有大量数据的复杂字典，这可能不能像预期的那样工作。为此你可以考虑使用 JSON，如代码清单 2-27 所示。

代码清单2-27　使用json打印字典

```
import json

data = {'a':12, 'b':{'x':87, 'y':{'t1': 21, 't2':34}}}
json.dumps(data, sort_keys=True, indent=4)
```

2.3　小结

数据结构是所有编程语言的核心。正如你在阅读本章所了解的，Python 提供了许多用于存储和操作数据的数据结构。Python 提供了各种形式的数据结构工具，用于对不同类型的对象或数据集执行各种操作。作为 Python 开发人员，了解不同类型的数据结构非常重要，这样你可以在编写应用程序时作出正确的决定，特别是在资源密集型的应用程序中。

我希望本章对你了解 Python 中一些最有用的数据结构有所帮助。熟悉不同类型的数据结构及其不同的运转状态会使你成为更好的开发人员，因为你可以在工具包中使用不同类型的工具。

第 3 章 *Chapter 3*

编写更好的函数和类

函数和类是 Python 语言的核心部分。你编写的代码都是由函数或类组成的。在本章中，你将了解让代码更整洁、更易读的最佳实践。

在编写函数和类时，一定要考虑函数 / 类的边界和结构。清楚地理解函数或类试图实现的功能用例会对编写更好的类和函数有较大的帮助。永远记住单一职责原则（Single Responsibility Principle, SRP）⊖的哲学。

3.1 函数

如你所知，Python 中的所有内容都是对象，函数也不例外。Python 中的函数是非常灵活的，因此编写函数时一定要仔细。在编写函数时，我将讨论一些有用的实践。

在 Python 中，通常使用 def 子句来声明函数或方法。并不是在这里讨论 lambda 函数，因为在第 1 章已经介绍过 lambda 函数了。

⊖ 单一职责原则，是面向对象的五大基本设计原则之一，也是最基础的设计原则。除此之外，还有开闭原则、依赖倒置原则、里氏替换原则和迪米特法测。有兴趣的读者可以通过互联网了解面向对象设计的五大原则。——译者注

3.1.1 编写小函数

总是倾向于编写只完成一个任务的函数。如何确保函数只完成一个任务，以及如何衡量函数的大小？是通过代码行数还是字符数来衡量呢？

这更多的是与任务相关，你希望你的函数只完成一个任务，但该任务有可能被分解为多个子任务。作为开发人员，需要决定在什么时候把子任务分解为多个独立的函数。没人能帮你回答这些问题。你必须批判性地分析你的函数，并决定何时将它们分解成多个函数。这是一种必须通过不断分析代码并在代码中寻找"有气味"（或者换句话说，难以阅读和理解）的位置来获得的技能。

考虑代码清单 3-1 中的实际示例。

代码清单3-1　唯一邮箱的例子

```python
def get_unique_emails(file_name):
    """
    Read the file data and get all unique emails.
    """
    emails = set()
    with open(file_name) as fread:
        for line in fread:
            match = re.findall(r'[\w\.-]+@[\w\.-]+', line)
            for email in match:
                emails.add(email)
    return emails
```

在代码清单 3-1 中，`get_unique_emails` 执行两个不同的任务，首先在给定的文件上循环以读取每一行，然后执行正则表达式以匹配每一行上的电子邮件。在这里你可能会观察到两件事：第一个当然是函数执行的任务数；第二个可以进一步分解，生成一个读取文件或读取行的通用函数。可以将此函数分成两个不同的函数，其中一个可以读取文件，另一个可以读取每一行。所以，作为一个开发者，由你决定此函数是否需要分解。见代码清单 3-2。

代码清单3-2　将函数分解为不同的函数

```python
def get_unique_emails(file_name):
    """
```

```
    Get all unique emails.
    """
    emails = set()
    for line in read_file(file_name):
        match = re.findall(r'[\w\.-]+@[\w\.-]+', line)
        for email in match:
            emails.add(email)
    return emails
def read_file(file_name):
    """
    Read file and yield each line.
    """
    with open(file_name) as fread:
        for line in fread:
            yield line
```

在代码清单 3-2 中，函数 **read_file** 现在是一个通用函数，可以接受任何文件名并 **yield**（读取）每一行⊖，**get_unique_emails** 则在每一行上执行查找唯一电子邮件的操作。

在这里，我创建了 **read_file** 作为一个生成器函数。如果你希望函数返回一个列表，可以考虑这样做。主要的思路是在考虑可读性和单一职责原则后，分解函数。

> **注意**　建议首先编写实现功能的代码，一旦实现了功能并且能够正常工作，就可以开始考虑将功能分解为多个函数，这样会让代码更清晰。另外，要遵循良好的命名规范。

3.1.2　返回生成器

正如你在代码清单 3-2 的代码示例中注意到的，使用了 **yield** 而不是使用任何特定的数据结构，如 **list** 或 **tuple**。这里不使用其他数据结构的主要原因是，不确定文件有多大，并且在处理大文件时可能会耗尽内存。

生成器是使用 **yield** 关键字的函数（如第 1 章的代码清单 1-23 所示），**read_file**

⊖　此处使用的是生成器，详见 6.1.2 节。——译者注

是一个生成器函数。生成器有用的原因主要有两个。

❏ 当生成器调用函数时，会立即返回迭代器而不是运行整个函数，你可以在上面执行不同的操作，比如循环或转换为列表（在第 1 章的代码清单 1-23 中，你可以在迭代器上循环）。完成后，它会自动调用内置函数 next()，并返回到 yield 关键字的下一行继续执行 read_file 函数。它还使你的代码更易于阅读和理解。

❏ 在列表或其他数据结构中，Python 需要在返回之前将数据保存在内存中，如果数据太大，可能会导致内存耗尽，而生成器不存在此问题。因此，当需要处理大量数据或事先不确定数据大小时，建议优先使用生成器而不是其他数据结构。

现在你可以考虑对代码清单 3-2 的 get_unique_emails 函数代码进行一些更改，并使用 yield 而不是 list，如代码清单 3-3 所示。

代码清单3-3　将函数分解为不同的函数

```python
def get_unique_emails(file_name):
    """
    Get all unique emails.
    """
    for line in read_file(file_name):
        match = re.findall(r'[\w\.-]+@[\w\.-]+', line)
        for email in match:
            yield email
def read_file(file_name):
    """
    Read file and yield each line.
    """
    with open(file_name) as fread:
        for line in fread:
            yield line
def print_email_list():
    """
    Print list of emails
    """
    for email in get_unique_emails('duplicate_emails'):
        print(email)
```

在这里，你可以忽略从 get_unique_emails 函数发送列表中所有电子邮件的风险。

我不是在暗示你应该在每个返回函数中使用生成器。如果事先知道只需要返回特定的数据大小，那么使用 `list/tuple/set/dict` 可能会更容易。例如在第 1 章的代码清单 1-22 中，如果你返回 100 封电子邮件，最好使用列表或其他数据结构，而不是使用生成器。但是，如果你不确定数据大小，建议考虑使用生成器，这样可以规避使用大量内存的问题。

> 注意　建议熟悉 Python 生成器。我只看到一些开发人员在代码中使用生成器，但无论如何你应该了解它的优点。它使你的代码更整洁，并且可以规避内存占用的问题。

3.1.3　引发异常替代返回 None

在第 1 章中详细地讨论了异常，所以这里不讨论所有的异常情况。本节只讨论在出现错误时引发的异常，而不是从函数返回 None。

异常是 Python 的核心特性。使用异常时需要考虑两件事。

首先，当代码中发生任何意外的事情时，我注意到很多程序员要么返回 None，要么打印日志。有时这种方法可能很危险，因为它可以隐藏 bug。

此外，我还看到了一个函数返回 None 或返回一些随机值的情况，而不是引发异常，这使得你的代码对于调用函数来说既混乱又容易出错。见代码清单 3-4。

代码清单3-4　返回None

```python
def read_lines_for_python(file_name, file_type):
    if not file_name or file_type not in ("txt", "html"):
        return None

    lines = []
    with open(file_name, "r") as fileread:
        for line in fileread:
            if "python" in line:
                return "Found Python"

if not read_lines_for_python("file_without_python_name",
"pdf"):
    print("Not correct file format or file name doesn't exist")
```

在代码清单 3-4 中，你不能确定 `read_lines_for_python` 是否返回 None，因为该文件没有任何 Python 单词或文件问题。这类代码可能会导致代码中出现意外的 bug，在一个大的代码库中发现 bug 是一件让人头疼的事情。

因此，每当你在编写代码时遇到由于意外事件而返回 None 或其他值的情况时，请考虑引发异常。当你的代码变得很庞大时，这样可以节省你定位 bug 的时间。

考虑编写如代码清单 3-5 所示的代码。

代码清单3-5　引发一个异常而不是None

```
def read_lines_for_python(file_name, file_type):
    if file_type not in ("txt", "html"):
        raise ValueError("Not correct file format")
    if not file_name:
        raise IOError("File Not Found")

    with open(file_name, "r") as fileread:
    for line in fileread:
            if "python" in line:
                return "Found Python"
if not read_lines_for_python("file_without_python_name",
"pdf"):
    print("Python keyword doesn't exists in file")

Result:  >> ValueError("Not correct file format")
```

每当你的代码出现错误时，你都可以定位出错原因。引发异常可以帮助你及早捕获 bug，而不是猜测 bug。

> **注意** Python 是一种动态语言，因此在编写代码时需要小心，特别是在代码中发现意外值时。None 是从函数返回的默认值，但不要在任何意外情况下过度使用它。在使用 None 之前，请考虑是否可以通过引发异常使代码更整洁。

3.1.4　使用默认参数和关键字参数

关键字参数对于提高 Python 代码的可读性和整洁性非常有用。关键字参数用于为函数提供默认值或用作关键字。见代码清单 3-6。

代码清单3-6　默认参数

```
def calculate_sum(first_number=5, second_number=10):
    return first_number + second_number

calculate_sum()
calculate_sum(50)
calculate_sum(90, 10)
```

在这里，你使用关键字参数定义默认值，但是在调用函数时，你可以选择是否需要默认值或用户定义的值。

关键字参数在大型代码或具有多个参数的函数中非常有用。关键字参数有助于使代码更容易理解。

因此，让我们看一个例子，在这个例子中，你需要在电子邮件内容中使用关键字来查找垃圾邮件，如代码清单 3-7 所示。

代码清单3-7　带关键字参数

```
def spam_emails(from, to, subject, size, sender_name, receiver_
name):
    <rest of the code>
```

如果你在没有任何关键字参数的情况下调用它，它看起来如代码清单 3-8 所示。

代码清单3-8　不带关键字参数

```
spam_emails("ab_from@gmail.com",
            "nb_to@yahoo.com",
            "Is email spam",
            10000,"ab", "nb")
```

如果你只研究代码清单 3-8 中的行，很难猜测这些参数意味着一个函数。如果遇到了调用函数需要传入很多参数的情况，为了提高可读性，最好使用关键字参数调用函数，如代码清单 3-9 所示。

代码清单3-9　带关键字参数

```
spam_emails(from="ab_from@gmail.com",
            to="nb_to@yahoo.com",
```

```
                    subject="Is email spam",
                    size=10000,
                    sender_name="ab",
                    receiver_name="nb")
```

这不是绝对的规则，但请考虑对两个以上的函数参数使用关键字参数。为调用函数使用关键字参数可以使新的开发人员更容易理解你的代码。

在 Python 3+ 中，可以通过定义如下函数强制关键字参数进入调用者函数中：

```
def spam_email(from, *, to, subject, size, sender_name,
receiver_name)
```

3.1.5　不要显式地返回 None

如果不显式地返回，则 Python 函数默认返回 None。见代码清单 3-10。

代码清单3-10　默认返回None

```
def sum(first_number, second_number):
    sum = first_number + second_number

sum(80, 90)
```

默认情况下，函数 sum 返回 None。然而，很多时候，人们编写的代码在函数中显式地返回 None，如代码清单 3-11 所示。

代码清单3-11　显式地返回None

```
def sum(first_number, second_number):
    if isinstance(first_number, int) and isinstance(second_
    number, int):
        return first_number + second_number
    else:
        return None

result = sum(10, "str")          # Return None
result = sum(10, 5)              # Return 15
```

在这里，你希望结果是 sum 函数中的一个值，这是一种误导，因为它可能返回一个或两个数字的和。因此，你始终需要检查结果是否为 None，这是对代码的一种干扰，并且会使代码随着时间的推移变得更复杂。

在这些情况下，你可能需要引发异常。见代码清单 3-12。

代码清单3-12　引发异常而不是返回None

```python
def sum(first_number, second_number):
    if isinstance(first_number, int) and isinstance(second_
    number, int):
        return first_number + second_number
    else:
        raise ValueError("Provide only int values")
```

让我们看看第二个示例，如代码清单 3-13 所示，如果给定的输入不是列表，则显式地返回 None。

代码清单3-13　显式地返回None

```python
def find_odd_number(numbers):
    odd_numbers = []
    if not isinstance(numbers, list):
        return None
    for item in numbers:
        if item % 2 != 0:
            odd_numbers.append(item)
    return odd_numbers

num = find_odd_numbers([2, 4, 6, 7, 8, 10])    # return 7
num = find_odd_numbers((2, 4, 6, 7, 8, 10))    # return None
num = find_odd_number([2, 4, 6, 8, 10])        # return []
```

如果找不到奇数，则此函数默认返回 None。如果 numbers 的类型不是列表，则函数也返回 None。

你可以考虑重写这段代码，如代码清单 3-14 所示。

代码清单3-14　不显式地返回None

```python
def find_first_odd_number(numbers):
    odd_numbers = []
    if isinstance(numbers, list):
        raise ValueError("Only accept list, wrong data type")
    for item in numbers:
        if item % 2 != 0:
            odd_numbers.append(item)
```

```
    return odd_numbers
num = find_odd_numbers([2, 4, 6, 7, 8, 10])      # return 7
num = find_odd_numbers((2, 4, 6, 7, 8, 10))      # Raise ValueError
                                                 exception
num = find_odd_number([2, 4, 6, 8, 10])          # return []
```

现在，当你检查 num 值时，你知道在函数调用中有 [ ] 的确切原因。显式地添加这个可以确保读者知道在没有找到奇数时会发生什么。

3.1.6　编写函数时注意防御

程序员是容易出错的，所以不能保证在编写代码时不会出错。考虑到这个事实，在编写函数时，可以采取一些措施，以便在投入生产之前预防或暴露代码中的 bug，或者帮助你在生产中找到 bug。

将代码交付生产之前，作为程序员你可以做两件事，以确保你交付的是高质量的代码。

- ❏ 日志记录。
- ❏ 单元测试。

1. 日志记录

我们先谈谈日志记录。当你试着调试代码时，日志记录可以帮上大忙，尤其是在生产中，你事先不知道哪里出了问题。在任何成熟的项目中，尤其是中大型项目，如果不进行日志记录，很难长期保持项目的可维护性。当出现生产问题时，在代码中进行日志记录使代码更易于调试和诊断。

让我们看看日志记录代码通常是什么样子的，如代码清单 3-15 所示，这是用 Python 编写日志记录的众多方法之一。

代码清单3-15　Python中的日志记录

```
# Import logging module
import logging
```

```
logger = logging.getLogger(__name__)        # Create a custom
                                            logger
handler = logging.StreamHandler             # Using stream
                                            handler

# Set logging levels
handler.setLevel(logging.WARNING)
handler.setLevel(logging.ERROR)

format_c = logging.Formatter("%(name) - %(levelname) -
%(message)")
handler.setFromatter(format_c)              # Add formater to
                                            handler

logger.addHandler(handler)

def division(divident, divisor):
    try:
        return divident/divisor
    catch ZeroDivisionError:
        logger.error("Zero Division Error")

num = divison(4, 0)
```

Python 有一个全面且可定制化的 `logging` 模块，可以在代码中定义不同级别的日志记录。如果你的项目有不同类型的错误，可以根据情况的严重性记录该错误。例如，创建用户账户期间异常的严重性将高于发送营销电子邮件时的严重性。

Python 的 `logging` 模块是一个成熟的库，它为你提供了根据需要配置日志记录的大量功能。

2. 单元测试

单元测试是代码最重要的部分之一。从专业角度讲，在代码中强制执行单元测试可以防止引入 bug，并在投入生产之前让你对代码充满信心。Python 中有一些不错的单元测试相关的库，这使得编写单元测试比较容易。其中比较流行的是 `pytest` 和 `unittest` 库。在第 8 章将详细讨论它们。

这就是用 Python 编写单元测试时的样子：

unittest 方式

```
import unittest

def sum_numbers(x, y):
```

```
    return x + y
class SimpleTest(unittest.TestCase):
    def test(self):
        self.assertEqual(sum_numbers(3, 4), 7)
```

pytest 方式

```
def sum_numbers(x, y):
    return x + y

def test_sum_numbers():
    assert func(3, 4) == 7
```

在你编写单元测试时，它们可以扮演一些关键角色。

❑ 你可以使用单元测试作为代码的文档，这在重新阅读代码或新开发人员加入项目时非常有用。

❑ 它能让你对代码更有信心，相信它会达到预期的目的。对函数进行测试时，可以确保代码中的任何更改不会破坏函数。

❑ 它可以防止旧 bug 隐藏在代码中，因为在投入生产之前已经执行过单元测试了。

在测试驱动开发（TDD）中，有些开发人员编写的代码已经超出了单元测试的范围，但这并不意味着只有 TDD 才应该有单元测试。需要用户使用的每个项目都应该有单元测试。

> **注意** 在任何成熟的项目中，都必须有日志记录和单元测试。它们可以极大地帮助你预防代码中的 bug。Python 为你提供了一个名为 logging 的库，它是相当成熟的日志记录库。对于单元测试，Python 有很多选项。pytest 和 unittest 是流行的选项⊖。

3.1.7 单独使用 lambda 表达式

lambda 是 Python 中有趣的特性，但我建议你避免使用它。因为我见到过大量过度使用 lambda 表达式的代码。

⊖ 根据我的了解，pytest 更易于使用、门槛更低，有很多 unittest 不具备的优秀特性，如果你还没有开始使用 unittest，建议你直接使用 pytest 作为单元测试的库。——译者注

PEP8 建议不要编写如代码清单 3-16 所示的代码。

代码清单3-16　使用lambda函数

```
sorted_numbers = sorted(numbers, key=lambda num: abs(num))
```

而是，编写如代码清单 3-17 所示的代码。

代码清单3-17　使用普通函数

```
def sorted_numbers(numbers):
    return sorted(numbers, reverse=True)
```

避免使用 lambda 有以下两个原因。

❑ lambda 使代码更难阅读，这比使用单行表达式更难以阅读。例如，下面的代码使许多开发人员对 lambda 感到不安：

```
sorted(numbers, key=lambda num: abs(num))
```

❑ lambda 表达式很容易被误用。开发人员常常试图通过编写单行表达式来使代码更"巧妙"，这让其他开发人员很难适应。在现实世界中，它可能会导致代码中出现更多的 bug。见代码清单 3-18。

代码清单3-18　误用lambda函数

```
import re
data = [abc0, abc9, abc5, cba2]
convert = lambda text: float(text) if text.isdigit() else text
alphanum = lambda key: [convert(c) for c in re.spl
it('([-+]?[0-9]*\.?[0-9]*)', key) ]
data.sort( key=alphanum )
```

在代码清单 3-18 中，代码误用了 lambda 函数，因此很难理解是否使用了函数。

建议在下列场景中使用 lambda 表达式：

❑ 当团队中的每个人都理解 lambda 表达式时。
❑ 当它使你的代码比使用函数更容易理解时。
❑ 当你所做的操作微不足道并且函数不需要名称时。

3.2 类

接下来，我们来讨论类。

3.2.1 类的大小

如果你使用面向对象的编程语言进行编程，那么，你很可能想知道一个类的大小应该是多大比较合适。

在写一个类的时候，一定要记住单一职责原则。如果你正在编写一个具有明确定义的职责和明确定义的边界的类时，则不必担心类的代码行。有些人认为包含一个文件的类是衡量一个类的好方法。但是，我看到的代码文件本身明显很大，而且看到每个文件有一个类可能会让人感到困惑和误导。如果你看到一个类正在做不止一件事情的时候，那么就意味着现在是创建一个新类的时候。有时在职责方面，这是一条很好的分界线，但是在类中添加新代码时必须小心。你不能跨越职责的界限。

仔细查看每一个方法和每行代码，并考虑该方法或代码是否符合类的总体职责，这是研究类结构的好方法。

假设你有一个 `UserInformation` 类，不想将用户的支付信息和订单信息添加到此类中。假设与用户相关的信息不是必需的用户信息，支付信息和订单信息更多的是用户的支付活动，你要确保在编写类之前定义了这些职责。你可以定义 `UserInformation` 类负责保存用户的状态信息，而不是用户的活动信息。

重复的代码是另一个提示，说明类可能正在做不只一件事情。举个例子，如果你有一个类叫作 `Payment`，并且你正在编写十行代码来访问数据库，其中包含创建数据库的连接、获取用户信息，和获取用户信用卡信息，你可能需要考虑创建另一个访问数据库的类。然后，任何其他类都可以在不复制相同代码的情况下，使用该类访问数据库。

建议在编写代码之前，对类范围有一个清晰的定义，坚持这个定义可以解决大多数类大小的问题。

3.2.2 类结构

我更偏向按照以下顺序组织类结构：

1）类变量

2）`__init__`

3）Python 内置的特殊方法（`__call__`、`__repr__` 等）

4）类方法

5）静态方法

6）属性

7）实例方法

8）私有方法

例如，你可能希望代码看起来如代码清单 3-19 所示。

代码清单3-19　类结构

```python
class Employee(Person):
    POSITIONS = ("Superwiser", "Manager", "CEO", "Founder")
    def __init__(self, name, id, department):
        self.name = name
        self.id = id
        self.department = department
        self.age = None
        self._age_last_calculated = None
        self._recalculated_age()

    def __str__(self):
        return ("Name: " + self.name + "\nDepartment: "
                + self.department)

    @classmethod
    def no_position_allowed(cls, position):
        return [t for t in cls.POSITIONS if t != position]

    @staticmethod
    def c_positions(position):
        return [t for t in TITLES if t in position]

    @property
    def id_with_name(self):
        return self.id, self.name
```

```
def age(self):
    if (datetime.date.today() > self._age_last_recalculated):
        self.__recalculated_age()
    return self.age

def _recalculated_age(self):
    today = datetime.date.today()
    age = today.year - self.birthday.year
    if today < datetime.date(
        today.year, self.birthday.month,
        self.birthday.year):
        age -= 1
    self.age = age
    self._age_last_recalculated = today
```

1. 类变量

通常，你希望在类的顶部看到一个类变量，因为这些变量要么是常量，要么是默认的实例变量，这向开发人员展示了那些可以使用的常量或变量。因此，在其他任何实例方法或构造函数之前，这些信息都是有价值的，所以需要放在类的顶部。

2. __init__

这是一个类构造函数，调用方法 / 类需要知道如何访问类。__init__ 是开启任何类的大门，它指示如何调用该类以及类中的状态。在开始使用该类之前，__init__ 还会向你提供关于该类的主要输入信息。

3. Python 的特殊方法

特殊方法更改类的默认行为或为类提供额外的功能，因此将它们放在类的顶部会使读者了解类的一些自定义特性。另外，这些被覆盖的元类会让你了解到，一个类试图通过改变 Python 类的通常行为来做一些不同的事情。将它们放在顶部以便用户在阅读类其他代码之前记住修改过的行为。

4. 类方法

类方法像一个构造函数，所以把类方法放在 __init__ 附近是有意义的。它可以告诉开发人员使用这个类的其他方式——不需要使用构造函数 **__init__** 创建对象。

5. 静态方法

静态方法绑定到类，而不是像类方法绑定到对象。它们无法修改类的状态，所以把它们添加到类的顶部，使读者了解用于特定目的的方法是有意义的。

6. 实例方法

实例方法给类添加了行为[⊖]，因此开发人员认为，如果一个类具有特定的行为，那么实例方法将是类的一部分。因此，将它们放在特殊方法之后，使读者更容易理解代码。

7. 私有方法

由于 Python 没有任何私有关键字，在方法名中使用 **_<name>** 会告诉读者这是一个私有方法，所以不要使用它。你可以把私有方法放在实例方法底部。

我建议把私有方法放在实例方法附近，以便读者更容易理解代码。在实例方法之前可以有私有方法，反之亦然，这是关于调用最接近被调用方法的方法。

> 注意　Python 是一种面向对象的语言，在编写类时更应该这样看待它。遵循 OOP 的所有原则不会对你造成伤害。在编写类时，确保读者能够很容易地理解类。如果其中一个方法正在使用另一个方法，则方法应该相邻，私有方法也是如此。

3.2.3　正确地使用 @property

@property 装饰器（见第 5 章）是 Python 获取和设置值的特性。有两个可以使用 **@property** 的地方：隐藏在属性后面的复杂的代码和对 set 属性的验证。见代码清单 3-20。

代码清单3-20　类的属性装饰器

```
class Temperature:
    def __init__(self, temperature=0):
```

⊖　行为又叫作方法。——译者注

```
        self.temperature = temperature

    @property
    def fahrenheit(self):
        self.temperature = (self.temperature * 1.8) + 32
temp = Temperature(10)
temp.fahrenheit
print(temp.temperature)
```

这段代码有什么问题？在 `fahrenheit` 方法中你正在使用属性装饰器，该方法会更新 `self.temperature` 变量的值，而没有返回值。当你使用一个属性装饰器时，应该确保有返回值，在类 / 方法中调用属性装饰器返回值会更容易。所以，确保属性装饰器返回了值，就可以在代码中像使用 getter 一样来使用属性装饰器了。如代码清单 3-21 所示。

代码清单3-21　类的属性装饰器

```
class Temperature:
    def __init__(self, temperature=0):
        self.temperature = temperature

    @property
    def fahrenheit(self):
        return (self.temperature * 1.8) + 32
```

属性装饰器还用于验证 / 筛选值。它与其他编程语言（如 Java）中的 setter 相同。在 Python 中，可以使用属性装饰器验证 / 筛选特定的信息片段。我见过很多情况，开发人员并没有意识到 Python 中 setter 属性装饰器的强大功能。适当地使用它，可以让你的代码具备更好的可读性，并且能够减少 bug。

代码清单 3-22 是一个在 Python 中使用属性装饰器实现验证的例子。通过在设置具体值的时候进行验证，能够让开发人员更容易阅读和理解代码。

在本例中，有一个名为 `Temperature` 的类以华氏温度设置温度。使用属性装饰器来获取和设置温度值，使 `Temperature` 类更容易验证调用者的输入。

代码清单3-22　类的属性装饰器

```
class Temperature:
    def __init__(self, temperature=0):
```

```
        self.temperature = temperature

    @property
    def fahrenheit(self):
        return self._temperature

    @fahrenheit.setter
    def fahrenheit(self, temp):
        if not isinstance(temp, int):
            raise("Wrong input type")

        self._temperature = (temp * 1.8) + 32
```

在这里，`fahrenheit` 的 setter 方法在计算华氏温度之前先执行验证部分，这使得调用类在输入错误的情况下能够引发异常。调用类现在只能通过调用不带任何输入的 `fahrenheit` 方法来获取温度的值。

始终确保在正确的上下文中使用 `property` 关键字，这是 Python 风格的 getter 和 setter。

3.2.4　什么时候使用静态方法

根据定义，静态方法与类相关，但不需要访问类的数据。静态方法中不能使用 `self` 或 `cls`。这些方法可以独立工作，而不依赖于类的状态。这是在使用静态方法而不是独立函数时感到困惑的主要原因之一。

在用 Python 编写类时，你希望对类似的方法进行分组，但也要通过使用不同变量的方法来保持特定的状态。此外，你希望使用类的对象执行不同的操作。但是，当你将方法设为静态时，此方法无权访问类的任何状态，也不需要对象或类变量来访问它们。那么，应该什么时候使用静态方法呢？

编写类时，可能有一个方法可以作为函数单独存在，而不需要访问类状态来执行特定操作。有时，把它作为静态方法当成类的一部分是有意义的，可以把这个静态方法当成类的工具方法来使用。但是为什么不把它作为一个独立的函数放在类外呢？很明显，可以这样做，但是将它放在类中会使读者更容易将该函数与类关联起来。让我们用一个简单的例子来理解这一点，如代码清单 3-23 所示。

代码清单3-23　不使用静态方法

```
def price_to_book_ratio(market_price_per_share, book_value_per_
share):
    return market_price_per_share/book_value_per_share

class BookPriceCalculator:
    PER_PAGE_PRICE = 8

    def __init__(self, pages, author):
        self.pages = pages
        self.author = author
    @property
    def standard_price(self):
        return self.pages * PER_PAGE_PRICE
```

在这里，`price_to_book_ratio` 方法可以在不使用 BookPriceCalculator 的任何状态的情况下工作，但是由于它与 BookPriceCalculator 类相关，因此将它保留在类 BookPriceCalculator 中是有意义的。因此，你可以编写如代码清单 3-24 所示的代码。

代码清单3-24　使用一个静态方法

```
class BookPriceCalculator:
    PER_PAGE_PRICE = 8

    def __init__(self, pages, author):
        self.pages = pages
        self.author = author

    @property
    def standard_price(self):
        return self.pages * PER_PAGE_PRICE

    @staticmethod
    def price_to_book_ratio(market_price_per_share, book_value_
    per_share):
        return market_price_per_share/book_value_per_share
```

在这里，不需要使用任何类方法或变量，但 `price_to_book_ratio` 与 Book-PriceCalculator 类相关，因此将其设为静态方法。

3.2.5　继承抽象类

抽象是 Python 的一个很酷的特性。它有助于确保继承的类以预期的方式实现。那么，在接口中使用抽象类的主要目的是什么呢？

❏ 可以使用抽象来创建接口类。

❏ 如果不实现抽象方法，就不能使用接口。

❏ 如果不坚持抽象类规则的话，就会产生错误。

如果以错误的方式实现抽象，这些好处可能会违反 OOPS（Object-Oriented Programming System，面向对象的编程系统）的抽象规则。代码清单 3-25 显示了在不完全使用 Python 抽象特性的情况下，编写的抽象类的代码。

代码清单3-25　以错误的方式进行抽象

```
class Fruit:
    def taste(self):
        raise NotImplementedError()

    def originated(self):
        raise NotImplementedError()

class Apple:
    def originated(self):
        return "Central Asia"

fruit = Fruit("apple")
fruit.originated                    #Central Asia
fruit.taste
NotImplementedError
```

所以，问题如下：

❏ 在初始化 `Apple` 或 `Fruit` 时不会有任何错误，一旦创建了类的对象，就应该抛出异常。

❏ 在使用 `taste` 方法之前，代码可能已经投入生产，甚至都没有意识到它是一个不完整的类。

那么，用 Python 定义抽象类以满足理想抽象类的需求的更好方法是什么呢？ Python

提供了一个名为 abc 的模块来解决这个问题，这个模块可以按你的期望来执行抽象。让我们使用 abc 模块重新实现抽象类，如代码清单 3-26 所示。

代码清单3-26　以正确的方式抽象

```python
from abc import ABCMeta, abstractmethod
class Fruit(metaclass=ABCMeta):

    @abstractmethod
    def taste(self):
        pass

    @abstractmethod
    def originated(self):
        pass

class Apple:
    def originated(self):
        return "Central Asia"
fruit = Fruit("apple")
TypeError:
"Can't instantiate abstract class concrete with abstract method
taste"
```

使用 abc 模块可以确保实现所有预期的方法，提供可维护的代码，并确保生产中没有不完整的代码。

3.2.6　使用 @classmethod 来访问类的状态

除了使用 __init__ 方法之外，类方法提供了替代构造函数的灵活性。

那么，在代码中什么地方可以使用类方法呢？如前所述，一个明显的地方是通过传递一个类对象来创建多个构造函数，因此这是在 Python 中创建工厂模式的最简单的方法之一。

让我们考虑这样一个场景：你希望从调用方法中获得多个格式输入，并且需要返回一个标准化值。序列化类就是一个很好的例子。如果你有一个类序列化 User 对象并返回用户的名字和姓氏。然而，挑战在于确保客户端的接口更易于使用，并且接口可以支持四种不同格式中的一种：字符串、JSON、对象或文件。使用工厂模式可能是解决这个问题的有效方法，这就是类方法很有用的地方。代码清单 3-27 显示了一个示例。

代码清单3-27　序列化类

```
class User:

    def __init__(self, first_name, last_name):
        self.first_name = first_name
        self.last_name = last_name

    @classmethod
    def using_string(cls, names_str):
        first, second = map(str, names_str.split(""))
        student = cls(first, second)
        return Student

    @classmethod
    def using_json(cls, obj_json):
        # parsing json object...
        return Student

    @classmethod
    def using_file_obj(cls, file_obj):
        # parsing file object...
        return Student

data = User.using_string("Larry Page")
data = User.using_json(json_obj)
data = User.using_file_obj(file_obj)
```

在这里，创建了一个 User 类和多个类方法，它们的行为类似于一个接口，以便客户端类根据客户端数据访问特定的类状态。

当你使用多个类构建大型项目时，类方法是一个有用的特性，并且拥有整洁的接口有助于长期保持代码的可维护性。

3.2.7　使用公有属性代替私有属性

Python 没有私有属性的概念。但是，你可能已经使用或看到了使用 `_<var_name>` 变量名来将方法标记为私有的代码。你仍然可以访问这些变量，但这样做被认为是不允许的，因此 Python 社区一致认为 `_<var_name>` 变量或方法是私有的。

考虑到这个事实，我仍然建议不要在需要约束类变量的地方使用它，因为这可能会使代码变得烦琐和脆弱。

假设一个类 Person 有名为 _full_name 的私有实例变量。创建了一个名为 get_name 方法来访问这个实例变量，使用方法来访问这个私有的实例变量，而不直接访问这个私有实例变量。见代码清单 3-28。

代码清单3-28　在不恰当的地方使用下划线_

```python
class Person:
    def __init__(self, first_name, last_name):
        self._full_name = f"${first_name} ${last_name}"

    def get_name(self):
        return self._full_name

per = Person("Larry", "Page")
assert per.get_name() == "Larry Page"
```

但是，这种将一个变量设置为私有的方法是错误的。

如你所见，Person 类试图通过将属性命名为 _full_name 来隐藏该变量，然而，即使代码的目的是限制用户仅访问 _full_name 变量，它也会使代码变得更加麻烦和难以阅读。如果对其他每个私有变量执行此操作，则会使代码变得复杂。想象一下，如果你的类中有很多私有变量，并且你必须定义与私有变量一样多的方法，将会发生什么。

当你不想将类变量或方法公开给调用者时，请将它们设置为私有的，因为 Python 不强制对变量和方法进行私有访问，因此，通过使类变量和方法私有化来通知调用者这些方法或变量不应被访问或重写。

当你试图继承一个公有类而你又不能控制这个公有类和它的变量时，建议在你的代码中使用 __<var_name>。当你想要避免代码中的名称冲突时，使用 __<var_name> 来避免名称混淆问题仍然是一个好主意。让我们考虑代码清单 3-29 中的简单示例。

代码清单3-29　在继承公有类时使用__

```python
class Person:
    def __init__(self, first_name, last_name):
        self.age = 50
```

```
    def get_name(self):
        return self.full_name

class Child(Person):

    def __init__(self):
        super().__init__()
        self.__age = 20

ch = Child()
print(ch.age)               # 50
print(ch.__age)             # 30
```

3.3　小结

　　Python 对变量 / 方法或类没有任何访问控制，不像其他一些编程语言（如 Java）一样。然而，Python 社区已经就一些规则达成了共识，包括私有和公有概念，尽管 Python 认为所有内容都是公有的。你还应该知道何时使用这些功能和什么时候避免使用，以便你的代码具备更好的可读性。

使用模块和元类

模块和元类是 Python 的重要特性。在大型项目中，对模块和元编程有良好的理解将帮助你编写整洁的代码。在 Python 中，元类是一种隐藏的特性，在使用之前可以不用关心元类。模块帮助你组织你的代码 / 项目，并帮助你结构化代码。

模块和元类是很大的概念，所以在这里很难详细解释它们。在本章中，将探索有关模块和元编程的一些实践。

4.1　模块和元类

在开始之前，我将简要解释 Python 中的模块和元类的概念。

模块只是扩展名为 `.py` 的 Python 文件。模块的名称将是文件的名称。模块可以有许多函数或类。Python 中模块的思想是在逻辑上分离项目的功能，如下所示：

```
users/
users/payment.py
users/info.py
```

`payment.py` 和 `info.py` 是逻辑上分离用户支付和信息功能的模块。模块有助于使代码更易于结构化。

元类是一个大主题，但简而言之，它们是创建类的蓝图。换句话说，类创建一个实例，元类根据创建实例时的需求自动更改类的行为。

假设你需要在模块中创建所有以 `awesome` 开头的类。你可以在模块中使用元类来完成这项工作。请参见代码清单 4-1 中的示例。

代码清单4-1　元类的例子

```
def awesome_attr(future_class_name, future_class_parents,
future_class_attr):
    """
    Return a class object, with the list of its attribute
    prefix with awesome keyword.
    """

    # pick any attribute that doesn't start with '__' and prefix with awesome
    awesome_prefix = {}
    for name, val in future_class_attr.items():
        if not name.startswith('__'):
            uppercase_attr["_".join("awesome", name)] = val
        else:
            uppercase_attr[name] = val

    # let `type` do the class creation
    return type(future_class_name, future_class_parents, uppercase_attr)
__metaclass__ = awesome_attr # this will affect all classes in the module
class Example: # global __metaclass__ won't work with "object" though
    # but we can define __metaclass__ here instead to affect
    only this class
    # and this will work with "object" children
    val = 'yes'
```

`__metaclass__` 是许多元类概念中的一个特性。Python 提供了多个元类，你可以根据需要使用它们。可以在 https://docs.python.org/3/reference/datamodel.html 网站找到更详细的解释。

在 Python 中编写代码时，让我们看看使用元类或构建模块时遵循的一些实践。

4.2 如何使用模块组织代码

在本节中，你将了解如何使用模块组织代码。模块通过函数、变量和类来分离代码。换句话说，Python 模块为你提供了一个工具，通过将项目的不同层放在不同的模块中来分离它们。

假设你需要建立一个电子商务网站，在那里用户可以购买产品。要生成此类项目，你可能需要创建具有特定用途的不同层。在高层级的层中，你可以考虑具有用于用户操作的层，例如选择产品、添加产品到购物车和支付。所有这些层可能只有一个函数或两个函数，可以保存在一个文件或不同的文件。当你想要在另一个模块（如"添加产品到购物车"）中使用一个较低层级的层（如支付模块）时，只需在"添加产品到购物车"模块中，使用 import 语句形如 from...import 就可以做到。

让我们看看创建模块的一些规则。

❑ 保持模块名称简短。你也可以考虑不使用下划线或至少保持最小值。

不要这样：

```
import  user_card_payment
import add_product_cart
from user import cards_payment
```

而是应该这样：

```
import payment
import cart
from user.cards import payment
```

❑ 避免使用带点（.）、大写或一些其他特殊字符的名称。因此，应该避免使用像 credit.card.py 这样的文件名。在名称中包含这些特殊字符会给其他开发人员造成混乱，并且可能对代码的可读性产生负面影响。PEP8 还建议不要使用这些特殊字符来命名。

不要这样：

```
import user.card.payment
import USERS
```

而是应该这样：

```
import user_payment
import users
```

❏ 当考虑到代码的可读性时以某种方式导入模块很重要。

不要这样：

```
[...]
from user import *
[...]
cart = add_to_cart(4)  # Is add_to_cart part of user? A
builtin? Defined above?
```

而是应该这样：

```
from user import add_to_cart
[...]
x = add_to_cart(4)  # add_to_cart may be part of user,
if not redefined in between
```

最好这样：

```
import user
[...]
x = user.add_to_cart(4)  # add_to_cart is visibly
part of module's namespace
```

能够说出模块的来源有助于提高可读性，如前一个示例所示，`user.add_to_cart`
有助于标识 `add_to_cart` 函数所在的位置。

充分利用模块可以帮助你的项目实现以下目标。

❏ **作用域**：它能够避免代码不同部分中的标识符之间的冲突。

❏ **可维护性**：它帮助你在代码中定义逻辑的边界。如果代码中的依赖项太多，开发
人员很难在没有模块的大型项目中工作。模块帮助你定义这些边界，并通过在一
个模块中分离相互依赖的代码来最小化依赖。这有助于大型项目的开发，因此许
多开发人员可以在不干涉彼此的情况下做出贡献。

❏ **简单性**：模块可以帮助你将大问题分解成更小的部分，这使得编写代码更加容易，
并且使其他开发人员更容易阅读。它也有助于调试代码，使其不易出错。

❏ **可重用性**：这是模块的主要优点之一。模块可以很容易地在不同的文件中使用，
例如项目中的库和 API。

最后，模块有助于组织代码。特别是在大型项目中，多个开发人员正在处理代码库的不同部分，因此非常重要的一点是，模块的定义要仔细、逻辑性强。

4.3 使用 __init__ 文件

自从 Python 3.3 之后，不需要在目录中包含 __init__.py 来表明这个目录是一个 Python 包。在 Python 3.3 之前，需要有一个空的 __init__.py 文件来将目录变成一个 Python 包。然而，__init__.py 文件在一些情况下是非常有用的，这可以使代码更易于使用并且支持以某种方式打包。

__init__.py 的主要用途之一是帮助模块拆分为多个文件。让我们考虑一个场景，其中有一个名为 purchase 的模块，它有两个不同的类，名为 Cart 和 Payment。Cart 将产品添加到购物车中，Payment 类对产品执行支付操作。请参见代码清单 4-2。

代码清单4-2　模块的例子

```python
# purchase module

class Cart:
    def add_to_cart(self, cart, product):
        self.execute_query_to_add(cart, product)

class Payment:
    def do_payment(self, user, amount):
        self.execute_payment_query(user, amount)
```

假设你希望将这两个不同的功能（即添加到购物车和支付）拆分为不同的模块，以便更好地构建代码。你可以将 Cart 和 Payment 类移动到两个不同的模块中，如下所示：

```
purchase/
    cart.py
    payment.py
```

你可以对 cart 模块进行编码，如代码清单 4-3 所示。

代码清单4-3　Cart类的例子

```python
# cart module

class Cart:
```

```
def add_to_cart(self, cart, product):
    self.execute_query_to_add(cart, product)
    print("Successfully added to cart")
```

你可以对 payment 模块进行编码，如代码清单 4-4 所示。

代码清单4-4　Payment类的例子

```
# payment module

class Payment:
    def do_payment(self, user, amount):
        self.execute_payment_query(user, amount)
        print(f"Payment of ${amount} successfully done!")
```

现在，你可以将这些模块保存在 __init__.py 文件中，以便将其黏合在一起。

```
from .cart import Cart
from .payment import Payment
```

如果你遵循这些步骤，那么你已经为客户端提供了一个公共接口，以便在包中使用不同的功能，如下所示：

```
import purchase
>>> cart = purchase.Cart()
>>> cart.add_to_cart(cart_name, prodct_name)
Successfully added to cart
>>> payment = purchase.Payment()
>>> payment.do_payment(user_obj, 100)
Payment of $100 successfully done!
```

使用模块的主要原因是为客户端设计更好的代码。不需要客户端去处理多个小模块，并弄清楚哪些功能属于哪个模块，你可以用一个模块来处理项目的不同功能。这在大型代码和第三方库中特别有用。

考虑模块的客户端，如下所示：

```
from  purchase.cart import Cart
from purchase.payment import Payment
```

这是可行的，但它给客户端带来了更大的负担，需要让客户端弄清楚项目中的哪些功能位于什么位置。相反，统一一些东西并允许单个导入，可以让客户端更容易地使用模块。

```
from purchase import Cart, Payment
```

在后一种情况下，将大量源代码看作一个模块是很常见的。例如，在前一行中，客户端可以将 `purchase` 视为单个源代码或单个模块，而不用担心 `Cart` 和 `Payment` 类的具体位置。

这也演示了如何将不同的子模块黏合到一个模块中。如前一个示例所示，你可以将大型模块分解为不同的逻辑子模块，用户使用一个模块名即可。

4.4　以正确的方式从模块导入函数和类

在 Python 中，从相同或不同的模块中导入类和函数有不同的方式。可以在同一个包内导入包，也可以从包外导入包。让我们看下这两个场景，观察从模块中导入类和函数的最佳方式。

❑ 在包内，从同一包导入，可以使用全路径或相对路径。这里有一个例子。

不要这样：

```
from foo import bar              # Don't Do This
```

而是应该这样：

```
from . import bar                # Recommended way
```

第一个导入语法是使用包的完整路径，如 `TestPackage.Foo` 和顶级包的名称在源代码中硬编码。当你要更改包的名称或目录结构时，这种导入方式就会存在问题。

例如，如果你想把名称从 `TestPackage` 改成 `MyPackage`，你必须在它出现的每一个地方修改它的名称。如果你的项目中有很多文件，这可能会变得很麻烦。这也让移动代码变得困难。但是，相对导入没有这个问题。

❑ 在包外面，有不同的方式可以从模块外部导入包。

```
from mypackage import *          # Bad
from mypackage.test import bar   # OK
import mypackage                 # Recommended way
```

第一项导入所有的内容，显然不是导入包的正确方式，因为你不知道从包中导入了哪些内容。第二项很详细，是一个很好的实践，因为它比第一项更容易理解、可读性更强。

第二项还帮助读者了解从哪个包导入了内容。这有助于使代码对其他开发人员更具可读性，并帮助他们理解所有依赖项。但是，当你需要从不同的地方导入不同的包时，会出现一个问题，因为这会对代码造成干扰。想象一下，如果你有 10 ~ 15 行代码用于从不同的包导入内容。当你在不同的包中使用相同的名称时，我注意到的另一个问题是，在编写代码时，它会造成许多关于哪个类 / 函数属于哪个包的混淆。下面是一个例子：

```
from mypackage import foo
from youpackage import foo
foo.get_result()
```

推荐第三个选项的原因是，它更具可读性，并且在阅读哪些类和函数属于哪些包的代码时为你提供了一个思路。

```
import mypackage
import yourpackage
mypackage.foo.get_result()
yourpackage.foo.feed_data()
```

使用 __all__ 防止导入

有一种机制可以防止模块用户导入所有内容。Python 有一个特殊的元类，名为 __all__，它允许你控制导入的行为。通过使用 __all__ 可以限制用户只能导入特定的类或方法，而不是从模块中导入所有的类或方法。

例如，假设你有一个名为 user.py 的模块。通过定义 __all__，可以限制其他模块只能导入特定符号。

假设你有一个名为 payment 的模块，其中保存了所有支付类，并且希望防止某些类错误地从该模块导入。你可以使用 __all__ 来完成此操作，如下例所示。

payment.py

```
class MonthlyPayment:
    ....

class CalculatePayment:
    ....
```

```
class CreditCardPayment:
    ....

__all__ = ["CalculatePayment", "CreditCardPayment"]
```

user.py

```
from payment import *

calculate_payment = CalculatePayment()       # This will work

monthly_payment = MonthlyPayment()            # This throw exception
```

你可能已经注意到了，使用 `from payment import *` 并不能自动导入 payment 的所有类。但是，你仍然可以通过以下方式导入 CalculatePayment 和 CreditCardPayment 类：

```
from payment import CalculatePayment
```

4.5 何时使用元类

如你所知，使用元类创建类，就像用类来创建对象一样，Python 元类也可以创建对象。换句话说，元类是类的类。本节不关心元类是如何工作的，所以本节将重点讨论应该什么时候使用元类。

大多数情况下，你的代码中不需要使用元类。元类的主要使用场景是创建 API 或库，或者添加一些复杂的特性。每当你想隐藏很多细节并使客户端更容易使用你的 API/ 库时，元类就非常有帮助。

以 Django ORM 为例，它使用了大量的元类以使 ORM API 易于使用和理解。Django 通过使用元类实现了这一目的，你可以编写如代码清单 4-5 所示的 Django ORM。

代码清单4-5 __init__.py

```
class User(models.Model):
    name = models.CharField(max_length=30)
    age = models.IntegerField()

user = User(name="Tracy", age=78)
print(user.age)
```

这里 user.age 不会返回 IntegerField，它会返回一个从数据库读取的 int 值。

Django ORM 能够这样工作是因为 Model 类使用了元类。Model 类定义了 __metaclass__，并且把 User 类转换为一个复杂的钩子链接到数据库的字段。Django 通过公开一个简单的 API 并使用元类，使复杂的事情看起来简单。元类让这种方法成为可能。

有 __call__、__new__ 等很多不同的元类，所有这些元类都可以帮助你构建易于使用的 API。如果你查看一个好的 Python 库（如 flask、Django、requests 等）的源代码，你会发现这些库为了让 API 易于使用和理解，都在使用元类。

当发现使用 Python 的普通功能不能使 API 具有良好的可读性时，可以考虑使用元类。有时必须使用元类编写样板代码，以使 API 易于使用。将在后面的小节讨论元类如何帮助编写更干净的 API/ 库。

4.6　使用 __new__ 方法验证子类

创建实例时会调用 __new__ 方法。使用此方法可以自定义实例的创建。在调用 __init__ 初始化类实例方法前调用 __new__ 方法。

也可以通过使用 super 调用超类的 __new__ 方法来创建父类的实例。代码清单 4-6 显示了一个示例。

代码清单4-6　__new__

```
class User:
    def __new__(cls, *args, **kwargs):
        print("Creating instances")
        obj = super(User, cls).__new__(cls, *args, **kwargs)
        return obj

    def __init__(self, first_name, last_name):
        self.first_name = first_name
        self.last_name = last_name

    def full_name(self):
        return f"{self.first_name} {self.last_name}"
```

```
>> user = User("Larry", "Page")
Creating Instance
user.full_name()
Larry Page
```

在这里，当你创建 **User** 类的一个实例时，在调用 **__init__** 方法之前会先调用 **__new__** 方法。

想象一个场景，假如你创建一个超类或抽象类。无论哪个类继承了那个超类或抽象类，都应该执行特定的检查或工作，在子类中很容易忘记或错误地执行这些检查或工作。因此，可能需要考虑在超类或抽象类中实现该功能，这也确保每个类都必须遵守这些验证。

在代码清单4-7中，可以在子类继承抽象类或父类之前使用 **__new__** 元类进行验证。

代码清单4-7　使用__new__方法来赋值

```
from abc import abstractmethod, ABCMeta
class UserAbstract(metaclass=ABCMeta):
"""Abstract base class template, implementing factory pattern
using __new__() initializer."""

    def __new__(cls, *args, **kwargs):
    """Creates an object instance and sets a base property."""
        obj = object.__new__(cls)
        obj.base_property = "Adding Property for each subclass"
        return obj
class User(UserAbstract):
"""Implement UserAbstract class and add its own variable."""

    def __init__(self):
        self.name = "Larry"
>> user = User()
>> user.name
Larry
>> user.base_property
Adding Property for each subclass
```

在这里，每当创建子类的一个实例时，就会自动为 **base_property** 赋值

"Adding property for each subclass"。

现在，让我们修改这段代码来验证所提供的值是否为字符串。如代码清单 4-8 所示。

代码清单4-8　使用__new__来验证提供的值

```python
from abc import abstractmethod, ABCMeta

class UserAbstract(metaclass=ABCMeta):
"""Abstract base class template, implementing factory pattern
using __new__() initializer."""

    def __new__(cls, *args, **kwargs):
    """Creates an object instance and sets a base property."""
        obj = object.__new__(cls)
        given_data = args[0]
        # Validating the data here
        if not isinstance(given_data, str):
            raise ValueError(f"Please provide string: {given_
            data}")
        return obj

class User(UserAbstract):
"""Implement UserAbstract class and add its own variable."""

    def __init__(self, name):
        self.name = Name
>> user = User(10)
ValueError: Please provide string: 10
```

在这里，只要传递一个值来创建 User 类的实例，就会验证所提供的数据是否为字符串。它的真正优点是通过使用 __new__ 方法而没有让每个子类做重复的工作。

4.7　__slots__ 的用途

__slots__ 可以帮助你节省对象空间，获得更快的属性访问。让我们用一个简单的例子来快速测试一个 __slots__ 的性能，详见代码清单 4-9。

代码清单4-9　使用__slots__进行属性访问

```python
class WithSlots:
"""Using __slots__ magic here."""
    __slots__ = "foo"
```

```
class WithoutSlots:
"""Not using __slots__ here."""
    pass

with_slots = WithSlots()
without_slots = WithoutSlots()

with_slots.foo = "Foo"
without_slots.foo = "Foo"

>> %timeit with_slots.foo
44.5 ns
>> %timeit without_slots.foo
54.5 ns
```

简单地访问 `with_slots.foo` 比访问 `WithoutSlots` 类的属性快得多。在 Python 3 中，使用 `__slots__` 比不使用 `__slots__` 要快 30%。

第二个使用情况是节省内存。`__slots__` 有助于减少每个对象实例占用的内存空间。`__slots__` 节省的空间有很重要的意义。

你可以从 https://docs.python.org/3/reference/datamodel.html#slots 了解更多关于 `__slots__` 的信息。

使用 `__slots__` 的另一个原因显然是为了节省空间。如果在代码清单 4-9 中找出对象的大小，那么你可以看到与不使用 `__slots__` 的对象相比，`__slots__` 为对象节省了存储空间。

```
>> import sys
>> sys.getsizeof(with_slots)
48
>> sys.getsizeof(without_slots)
56
```

与不使用 `__slots__` 相比，`__slots__` 有助于节省对象空间并提供更好的性能。问题是，什么时候应该考虑在代码中使用 `__slots__` 呢？为了回答这个问题，让我们简单地谈谈实例的创建。

创建类的实例时，会自动向实例中添加额外的空间以容纳 `__dict__` 和 `__weakrefs__`，通常在用于属性访问之前不会初始化 `__dict__`，因此不必太担心。但是，当你创建 / 访问该属性时，与 `__dict__` 相比，`__slots__` 在节省空间和提高性方面更好。

无论如何，当你不想让−类对象中的 `__dict__` 占用额外的空间时，可以使用 `__slots__` 来节省空间，同时能够提高性能。

举个例子，代码清单 4-10 使用了 `__slots__`，并且子类没有为属性 a 创建 `__dict__`，这样在访问 a 属性时节省了空间并提高了性能。

代码清单4-10　`__slots__` 的更快的属性访问

```
class Base:
    __slots__ = ()
class Child(Base):
    __slots__ = ('a',)
c = Child()
c.a = 'a'
```

Python 文档中建议在大多数情况下不要使用 `__slots__`，只有在觉得节省额外空间和提高性能有必要时再尝试使用 `__slots__`。

我也建议在真正需要额外的空间和性能之前不要使用 `__slots__`，因为这会限制你以特定的方式使用类，特别是在动态分配变量时。例如，请参见代码清单 4-11。

代码清单4-11　使用 `__slots__` 时发生的属性错误

```
class User(object):
    __slots__ = ("first_name", )
>> user = User()
>> user.first_name = "Larry"
>> b.last_name = "Page"
AttributeError: "User" object has no attribute "last_name"
```

有很多方法可以避免这些问题，但与没有使用 `__slots__` 的代码相比，这些解决方案并没有多大帮助。举个例子，如果需要动态赋值，可以使用代码清单 4-12 所示的代码。

代码清单4-12　使用带 `__slots__` 的 `__dict__` 来解决动态分配问题

```
class User:
    __slots__ = first_name, "__dict__"
```

```
>> user = User()
>> user.first_name = "Larry"
>> user.last_name = "Page"
```

所以，有了 __dict__ 在 __slots__ 中，你就失去了一些存储空间上的优势，但好处是你可以动态访问属性。

下面是不应该使用 __slots__ 的场景：

❑ 当你要将内置类型（如 tuple 或 str）子类化并希望向其添加属性时。
❑ 当你想通过实例变量的类属性提供默认值时。

所以，当你真的需要额外的空间和性能时，再考虑使用 __slots__，这样便不会限制类的使用。

4.8 使用元类改变类的行为

可以根据需要使用元类自定义类的行为。与通过创建复杂的逻辑为类添加自定义的行为相比，可以考虑使用元类。元类提供了在代码中处理复杂逻辑的工具。在这一节中，我们将学习如何使用 __call__ 方法来实现多种功能。

假设你不希望客户端直接创建类的对象，那么你可以使用 __call__ 方法来实现这个目的，见代码清单 4-13。

代码清单4-13　防止直接创建对象

```
class NoClassInstance:
"""Create the user object."""
    def __call__(self, *args, **kwargs):
        raise TypeError("Can't instantiate directly""")

class User(metaclass=NoClassInstance):
    @staticmethod
    def print_name(name):
    """print name of the provided value."""
        print(f"Name: {name}")

>> user = User()
TypeError: Can't instantiate directly
```

```
>>> User.print_name("Larry Page")
Name: Larry Page
```

__call__ 可以确保不是从客户端代码开始初始化的，而是从静态方法开始。

假设需要创建一个 API，在其中可以使用策略设计模式，或使代码更容易被客户端代码使用。

让我们考虑代码清单 4-14 中的示例。

代码清单4-14　使用__call__设计API

```
class Calculation:
    """
    A wrapper around the different calculation algorithms that
    allows to perform different action on two numbers.
    """
    def __init__(self, operation):
        self.operation = operation

    def __call__(self, first_number, second_number):
        if isinstance(first_number, int) and isinstance(second_
        number, int):
            return self.operation()
        raise ValueError("Provide numbers")

    def add(self, first, second):
        return first + second

    def multiply(self, first, second):
        return first * second
>> add = Calculation(add)
>> print(add(5, 4))
9
>> multiply = Calculation(multiply)
>> print(multiply(5, 4))
20
```

在这里，不同的方法或算法在没有复制公共逻辑代码的前提下，执行了特定的功能⊖，代码在 __call__ 方法中实现会让 API 使用起来更容易。

⊖　检查 first_number、second_number 是否是整数，如果不是则抛出 ValueError 异常。——译者注

让我们看看代码清单 4-15 中的另一个场景，假设你希望以某种方式创建缓存实例。当用相同的值创建缓存对象时，使用缓存的实例而不是新建实例，当不想为相同值创建重复实例时会非常有用。

代码清单4-15　使用__call__方法实现缓存

```
class Memo(type):
    def __init__(self, *args, **kwargs):
        super().__init__(*args, **kwargs)
        self.__cache = {}

    def __call__(self, _id, *args, **kwargs):
        if _id not in self.__cache:
            self.cache[_id] = super().__call__(_id, *args, **kwargs)
        else:
            print("Existing Instance")
        return self.__cache[id]

class Foo(Memo):
    def __init__(self, _id, *args, **kwargs):
        self.id = _id

def test():
    first = Foo(id="first")
    second = Foo(id="first")
    print(id(first) == id(second))

>>> test()
True
```

我希望这个示例可以帮助你理解元类是如何完成一些复杂任务的。__call__ 还有其他一些不错的用法，比如创建单例，记忆值，装饰器。

> 🔍 **注意** 很多时候，使用元类可以完成复杂的任务。我建议深入研究元类并尝试理解一些元类的使用场景。

4.9　Python 描述符

通过 Python 描述符可以从对象的属性字典中获取（get）、设置（set）和删除（delete）对象的属性。当访问属性时，会启动查找链。如果描述符方法是在代码中定义的，那么将调用描述符方法来查找属性。在 Python 中这些描述符方法主要有 __get__、__set__

和 `__delete__`。

在实践中，当从类实例中分配或获取特定的属性值时，可能希望在设置属性值之前或在获取属性值时进行一些额外的处理。Python 描述符会帮助你执行这些验证或额外的操作，而无须调用其他方法。

因此，让我们看一个真实的场景，如代码清单 4-16 所示。

代码清单4-16　__get__描述符的例子

```python
import random

class Dice:
"""Dice class to perform dice operations."""
    def __init__(self, sides=6):
        self.sides = sides

    def __get__(self, instance, owner):
        return int(random.random() * self.sides) + 1

    def __set__(self, instance, value):
        print(f"New assigned value: ${value}")
        if not isinstance(instance.sides, int):
            raise ValueError("Provide integer")
                    instance.sides = value

class Play:
    d6 = Dice()
    d10 = Dice(10)
    d13 = Dice(13)

>> play = Play()
>> play.d6
3
>> play.d10
4
>> play.d6 = 11
New assigned value:  11

>> play.d6 = "11"
I am here with value:  11
-------------------------------------------------------------
ValueError                              Traceback (most
recent call last)
<ipython-input-66-47d52793a84d> in <module>()
----> 1 play.d6 = "11"
```

```
<ipython-input-59-97ab6dcfebae> in __set__(self, instance, value)
     9          print(f" New assigned value: {value}")
    10          if not isinstance(value, int):
---> 11              raise ValueError("Provide integer")
    12          self.sides = value
    13

ValueError: Provide integer
```

在这里，你将使用 __get__ 描述符在不调用其他方法的情况下为类属性提供额外功能，并使用 __set__ 来确保只为 Dice 类的属性设置 int 值。

让我们简单地了解一下这些描述符。

❏ __get__(self, instance, owner)：当你访问该属性时，会自动调用 __get__ 方法，如代码清单 4-16 所示。

❏ __set__(self, instance, value)：当你设置属性值时，这个方法以 obj.attr = "value" 的形势被调用。

❏ __delete__(self, instance)：当你想要删除一个特定属性时，__delete__ 会被调用。

描述符使你可以更好地控制代码，并且可以在不同的场景中使用，例如在分配之前验证属性，使属性成为只读等。这也有助于使代码更整洁，因为不需要创建特定的方法来执行所有这些复杂的验证或检查操作。

注意　当你希望以更整洁的方式设置或获取类属性时，描述符会非常有用。如果你了解它们是如何工作的，那么在你希望执行特定属性验证或检查的其他地方，它可能会更有用。理想情况下，本节已经帮助你对描述符有一个基本的了解。

4.10　小结

Python 中的元类被认为是晦涩难懂的，是因为它们的语法和一些神奇的功能。但是，如果你掌握了本章中讨论的一些最常用的元类，那么它将使你的代码更好地供给终端用户使用，并且你会感到你可以更好地为用户创建 API 或库。

　　但是，请谨慎使用它们，因为有时使用它们来解决代码中的每个问题可能会影响代码的可读性。类似地，对 Python 中的模块有良好的理解可以让你更好地理解为什么以及如何让模块遵循单一职责原则。希望本章能让你对 Python 中的这两个非常重要的概念有足够的了解。

Chapter 5   第 5 章

装饰器和上下文管理器

装饰器⊖和上下文管理器是 Python 中的高级话题，但是它们在许多实际场景中非常有用。许多流行的库大量地使用了装饰器和上下文管理器，因为使用装饰器和上下文管理器可以让它们的 API 和代码更整洁。一开始理解装饰器和上下文管理器可能有一些困难，但是一旦掌握了它们，你就可以写出更整洁的代码了。

在本章中，你将学习装饰器和上下文管理器。在编写下一个 Python 项目时，你还可以深入理解什么时候适合使用这些特性。

注意 装饰器和上下文管理器是 Python 中的高级概念。在它们的实现底层，使用了大量元类。在学习如何使用装饰器和上下文管理器的时候，可以不用学习元类的概念，因为 Python 提供了足够的工具和库来创建装饰器和上下文管理器，而无须使用任何元类。所以，如果你对元类没有太多的理解，也不用担心，你也能充分了解装饰器和上下文管理器是如何工作的。你还会学到一些编写装饰器和上下文管理器的技巧，以便更容易地编写装饰器和上下文管理器。我建议对装饰器和上下

⊖ 装饰器是一种常用的设计模式，关于装饰器模式的解释详见 Eric Gamma 等人的《设计模式：可复用面向对象软件的基础》一书，此处的装饰器是装饰器设计模式的一种典型应用。——译者注

文管理器的概念有一个较深入的理解，这样就可以知道在什么情况下使用装饰器和上下文管理器了。

5.1　装饰器

我们先来谈一谈装饰器。在本节中，你将了解装饰器是如何工作的，以及在实际项目的哪些地方可以使用装饰器。装饰器是 Python 一个有趣且有用的特性。如果你深入理解了装饰器，那么就可以使用装饰器很容易地构建出许多神奇的特性[⊖]。

Python 装饰器可以帮助你，在不更改函数或对象行为的前提下，动态地向函数或对象添加行为。

5.1.1　装饰器及其作用

假设你的代码中有几个函数，你需要给这些函数增加日志记录功能，以便在执行函数时，将函数名记录到日志文件中或打印在控制台上。一种方法是使用日志记录库，在每个函数中添加日志记录的代码，但是，这会花费相当多的时间，而且也很容易出错，因为你更改了大量的代码，只是为了增加日志记录功能。另一种方法是在每个函数 / 类的顶部添加装饰器，这样做更有效果，而且避免了向现有代码引入 bug 的风险。

在 Python 的世界，装饰器可以应用于函数，它们能够在包装的函数[⊖]之前和之后运行。装饰器有助于在函数中运行其他附加代码，这允许你访问和修改输入参数和返回值，这种做法在很多地方都有用。以下是一些例子：

❏ 限制调用速率。

❏ 缓存值。

❏ 为函数的执行计时。

⊖　创建自己的装饰器，比如调用函数时的日志装饰器。如果在函数上使用这个装饰器，那么当这个函数被调用的时候，就可以打印进入函数和退出函数的日志信息，如调用函数的时间、函数名称、调用函数的参数、函数的运行时间等。PySnooper 就是基于装饰器实现的，感兴趣的读者可以从 GitHub 上了解 PySnooper 的使用方法，译者的 CSDN 博客也有详细的介绍，可以使用 `pip install PySnooper` 安装并使用 PySnooper。——译者注

⊖　包装的函数即应用装饰器的函数。——译者注

❑ 日志记录。

❑ 缓存异常或引发异常。

❑ 身份验证。

这些是装饰器的一些主要使用场景。然而，使用装饰器是没有限制的。实际上，你会发现像 flask 这样的 API 框架非常依赖于装饰器来将函数转换成 API。代码清单 5-1 是 flask 的一个例子。

代码清单5-1　flask的一个例子

```python
from flask import Flask
app = Flask(__name__)

@app.route("/")
def hello():
    return "Hello World!"
```

上面这段代码就是使用 app.route 装饰器将 hello 函数转换为 API。这就是装饰器的美妙之处，作为开发人员，对它们有深入的理解会使你受益颇深，因为它们可以使你的代码更整洁、更不容易出错。

5.1.2　理解装饰器

在本节中，你将看到如何使用装饰器。假设有一个简单的函数，它把传入的字符串转换为大写字符串并返回。参见代码清单 5-2。

代码清单5-2　把传入的字符串转换为大写

```python
def to_uppercase(text):
"""Convert text to uppercase and return to uppercase."""
    if not isinstance(text, str):
        raise TypeError("Not a string type")
    return text.upper()
>>> text = "Hello World"
>>> to_uppercase(text)
HELLO WORLD
```

这是一个很简单的函数，它接受一个字符串参数，并将其转换为大写。让我们对 to_uppercase 做一个小修改，如代码清单 5-3 所示。

代码清单5-3　通过传入的函数把字符串转换为大写

```
def to_uppercase(func):
"""Convert to uppercase and return to uppercase."""

    # Adding this line, will call passed function to get text
    text = func()

    if not isinstance(text, str):
        raise TypeError("Not a string type")
    return text.upper()

def say():
    return "welcome"

def hello():
    return "hello"

>>> to_uppercase(say)
WELCOME

>>> to_uppercase(hello)
HELLO
```

代码清单 5-3 相对于代码清单 5-2 做了两个修改：

❑ 修改函数 to_uppercase 来接受 func 而不是字符串，并调用 func 函数来获
取字符串。

❑ 创建一个返回"welcome"字符串的函数 say，并将该函数传递给 to_uppercase
函数。

to_uppercase 函数调用 say 函数并获取要转换为大写的字符串，to_uppercase
通过调用函数 say 来获取字符串而不是从传递的参数中获取。

现在，对于相同的代码，可以编写类似于代码清单 5-4 的代码。

代码清单5-4　使用装饰器

```
@to_uppercase
def say():
    return "welcome"

>>> say
WELCOME
```

将 `to_uppercase` 放在 `@to_uppercase` 函数之前会使 `to_uppercase` 函数成为装饰函数。这类似于在 `say` 函数之前执行 `to_uppercase`。

这只是一个简单的例子，但是可以用来展示装饰器在 Python 中的工作方式。现在，将 `to_uppercase` 作为装饰函数的好处是，你可以将它应用到任何函数上，从而把函数返回的字符串转换为大写。参见代码清单 5-5。

代码清单5-5　在其他代码中使用装饰器

```
@to_uppercase
def say():
    return "welcome"

@to_uppercase
def hello():
    return "Hello"

@to_uppercase
def hi():
    return 'hi'

>>> say
WELCOME
>>> hello
HELLO
>>> hi
HI
```

这使得代码更整洁、更容易理解。确保你的装饰器名称是自解释（即显式）的，这样就很容易理解装饰器的意义了。

5.1.3　使用装饰器更改行为

现在你已经了解装饰器的基础知识了，接下来让我们更深入地了解装饰器的主要使用场景。在代码清单 5-6 中，编写了一个复杂的小函数，这个小函数包装了另一个函数。因此，我们将修改 `to_uppercase` 函数使其可以接受任何函数，然后在 `to_uppercase` 函数中定义另一个函数来执行 `upper()` 操作。

代码清单5-6　转换为大写的装饰器

```
def to_uppercase(func):
    def wrapper():
        text = func()
        if not isinstance(text, str):
            raise TypeError("Not a string type")
        return text.upper()
    return wrapper
```

为什么要这么做呢？已经有一个名为 to_uppercase 的函数了，在这个函数中，可以像以前一样将 func 作为参数传递给 to_uppercase。但是在上面的函数中，却将所有的代码都移动到另一个名为 wrapper 的函数中，而 wrapper 函数由 to_uppercase 函数返回。

wrapper 函数允许你执行这里的代码来更改函数的行为，而不只是执行这个函数。现在，可以在函数执行之前和函数执行完成之后做多个操作。wrapper 闭包可以访问输入函数（这里指通过形参 func 传入的函数），并且也可以在函数之前和之后添加新的代码，这就显示了装饰器改变函数行为的实际功能。

使用另一个函数的主要用途是显示调用这个函数的时候才执行这个函数，在调用这个函数之前，它会被包装为函数对象。完整的代码如代码清单 5-7 所示。

代码清单5-7　转换为大写装饰器的全部代码

```
def to_uppercase(func):
    def wrapper():
        text = func()
        if not isinstance(text, str):
            raise TypeError("Not a string type")
        return text.upper()
    return wrapper
@to_uppercase
def say():
    return "welcome"

@to_uppercase
def hello():
    return "hello"

>>> say()
```

```
WELCOME
>>> hello()
HELLO
```

在上面的例子中，`to_uppercase()`定义了一个将字符串转换为大写的装饰器，`to_uppercase()`可以接受任何函数作为参数。在上面的代码中，`say()`函数使用`to_uppercase()`作为装饰器，当 Python 执行函数 `say()` 时，Python 将 `say()` 作为函数对象传递给 `to_uppercase()` 装饰器，并返回一个名为 `wrapper` 的函数对象，该对象在调用 `say()` 或 `hello()` 时执行。

可以把装饰器用于运行函数前需要添加功能的绝大部分的场景。考虑场景，当你希望你的网站用户登录之后才能浏览你的网站时，可以考虑在访问网站页面的功能上使用登录装饰器，这样会就强制用户在登录之后才能浏览网站的页面。类似地，考虑一个简单的场景，你想在文本之后添加单词"Larray Page"，你可以通过以下代码实现这个功能：

```
def to_uppercase(func):
    def wrapper():
        text = func()
        if not isinstance(text, str):
            raise TypeError("Not a string type")
        result = " ".join([text.upper(), "Larry Page"])
        return result
    return wrapper
```

5.1.4　同时使用多个装饰器

你还可以把多个装饰器应用在同一个函数上。假设需要在"Larry Page!"前面加上一个前缀，那么在这种情况下，就可以使用另外一个装饰器来给"Larry Page!"添加前缀，如代码清单 5-8 所示。

代码清单5-8　使用多个装饰器

```
def add_prefix(func):
    def wrapper():
        text = func()
        result " ".join([text, "Larry Page!"])
        return result
```

```
        return wrapper
  def to_uppercase(func):
      def wrapper():
          text = func()
          if not isinstance(text, str):
              raise TypeError("Not a string type")
          return text.upper()
      return wrapper

@to_uppercase
@add_prefix
def say():
    return "welcome"

>> say()
WELCOME LARRY PAGE!
```

你可能已经注意到了，装饰器的应用顺序是从下到上，所以，首先调用add_ prefix装饰器，然后再调用to_uppercase装饰器。为了证明这一点，如果你改变了这两个装饰器的应用顺序，那么你就会得到不同的结果，如下所示：

```
@add_prefix
@to_uppercase
def say():
    return "welcome"

>> say()
WELCOME Larry Page!
```

和上面分析的类似，"Larry Page!"没有被转换为大写，因为to_uppercase是先于add_prefix调用的，也就是先调用to_uppercase再调用add_prefix[⊖]。

5.1.5　使用带参数的装饰器

让我们扩展一下前面的例子，把参数传递给装饰器，这样就可以动态地把传递的参数转换为大写了，并通过姓名向不同的人打招呼，参见代码清单5-9。

⊖　先调用to_uppercase，把"welcome"转换为大写，然后再调用add_prefix给"Larry Page!"增加"WELCOME"前缀，内部实现的伪代码为add_prefix(to_uppercase(say()))。——译者注

代码清单5-9　向装饰器传递参数

```
def to_uppercase(func):
    def wrapper(*args, **kwargs):
        text = func(*args, **kwargs)
        if not isinstance(text, str):
            raise TypeError("Not a string type")
        return text.upper()
    return wrapper
@to_uppercase
def say(greet):
    return greet

>> say("hello, how you doing")
'HELLO, HOW YOU DOING'
```

能够看到，可以把参数传递给装饰器函数，装饰器在执行代码时可以使用传入的参数[⊖]。

5.1.6　考虑使用装饰器库

当创建装饰器时，通常会使用一个函数替换另一个函数，参见代码清单 5-10 中的一个简单的例子。

代码清单5-10　日志记录装饰器

```
def logging(func):
    def logs(*args, **kwargs):
        print(func.__name__ + " was called")
        return func(*args, **kwargs)
    return logs

@logging
def foo(x):
"""Calling function for logging"""
    return x * x

>>> fo = foo(10)
>>> print(foo.__name__)
logs
```

你可能期望代码打印出的是 **foo** 函数的函数名，但是，实际打印的却是装饰器函数

⊖　对比代码清单 5-9 和 5-8 中 say 函数和 wrapper 函数的不同，就会有所发现。——译者注

中的包装函数的函数名——`logs`。事实上，当你使用装饰器时，代码会丢失 `__name__`、`__doc__` 等信息。

为了解决这个问题，可以考虑使用 `functools.wraps`，它接收传入装饰器的函数，并添加复制的函数名、文档字符串、参数代码清单等的功能。因此，可以编写和上面相同的代码，如代码清单 5-11 所示。

代码清单5-11　使用functools库创建装饰器

```python
from functools import wraps
def logging(func):
    @wraps(func)
    def logs(*args, **kwargs):
        print(func.__name__ + " was called")
        return func(*args, **kwargs)
    return logs

@logging
def foo(x):
    """does some math"""
    return x + x * x

print(foo.__name__)  # prints 'f'
print(foo.__doc__)   # prints 'does some math'
```

Python 标准库有一个名为 `functools` 的库，这个库包含了 `functools.wraps`，`functools.wraps` 可用于创建保留所有信息（保留 `__name__`、`__doc__` 等信息）的装饰器，如果不使用 `functools.wraps`，那么在创建装饰器的时候就会丢失这些信息。

除了 `functools` 库之外，还有更容易使用的 `decorator` 库。参见代码清单 5-12 的例子。

代码清单5-12　使用decorator装饰器创建一个新的装饰器

```python
from decorator import decorator

@decorator
def trace(f, *args, **kw):
    kwstr = ', '.join('%r: %r' % (k, kw[k]) for k in sorted(kw))
    print("calling %s with args %s, {%s}" % (f.__name__, args,
```

```
        kwstr))
        return f(*args, **kw)

@trace
def func(): pass

>>> func()
calling func with args (), {}
```

类似地，你可以在类内部的类方法上使用装饰器，如代码清单 5-13 所示。

代码清单5-13　在类的方法上使用装饰器

```
def retry_requests(tries=3, delay=10):
    def try_request(fun):
        @wraps(fun)
        def retry_decorators(*args, *kwargs):
            for retry in retries:
                fun(*args, **kwargs)
                time.sleep(delay)
        return retry_decorators
    return try_request

class ApiRequest:
    def __init__(self, url, headers):
        self.url = url
        self.headers = headers

    @try_request(retries=4, delay=5)
    def make_request(self):
        try:
            response = requests.get(url, headers)
            if reponse.status_code in (500, 502, 503, 429):
                continue
        except Exception as error:
            raise FailedRequest("Not able to connect with server")
        return response
```

5.1.7　用于维护状态和验证参数的类装饰器

到目前为止，你已经了解了如何把函数当作装饰器使用，但是，Python 对于创建装饰器没有限制，类也可以当作装饰器使用。这完全取决于你想要定义装饰器的具体方式。

使用类装饰器的一个主要用途是维护状态，那么，让我们先来了解一下如何使用

__call__ 方法让类实现可调用。

为了使任何类可调用，Python 提供了一些特殊的方法，比如：__call__() 方法。这意味着，可以将类的实例当成函数来调用，像 __call__ 这样的方法，使得创建类装饰器和当成函数返回类对象成为可能。

让我们看下代码清单 5-14 中的简单例子，以进一步理解 __call__ 方法。

代码清单5-14　使用__call__方法

```python
class Count:
    def __init__(self, first=1):
        self.num  = first

    def __call__(self):
        self.num += 1
        print(f"number of times called: {self.num}")
```

现在每当你使用 Count 类的实例调用 Count 类的时候，__call__ 方法都会被调用。

```
>>> count = Count()
>>> count()
number to times called: 2

>>> count()
number of times called: 3
```

正如所看到的，当调用 count() 时，会自动调用维护变量 num 状态的 __call__ 方法。

可以使用这个概念来实现类装饰器，参见代码清单 5-15。

代码清单5-15　使用装饰器维护状态

```python
class Count:
    def __init__(self, func):
        functools.update_wrapper(self, func)
        self.func = func
        self.num = 1

    def __call__(self, *args, *kwargs):
        self.num += 1
        print(f"Number of times called: {self.num}")
        return self.func(*args, *kwargs)
```

```
@Count
def counting_hello():
    print("Hello")

>>> counting_hello()
Number of times called: 2

>>> counting_hello()
Number of times called: 3
```

__init__ 方法需要存储传入装饰器的函数的引用，每当调用类装饰器时都会调用 __call__ 方法。这里使用 functools 库来创建类装饰器，如你所见，使用类装饰器来存储变量的状态。

让我们来看一个更有趣的例子，参见代码清单 5-16，可以使用类装饰器来实现类型验证。这是一个简单的例子，但是，你可以在所有需要验证类型参数的情况下使用它。

代码清单5-16　使用类装饰器验证参数

```
class ValidateParameters:

    def __init__(self, func):
        functools.update(self, func)
        self.func = func

    def __call__(self, *parameters):
        if any([isinstance(item, int) for item in parameters]):
            raise TypeError("Parameter shouldn't be int!!")
        else:
            return self.func(*parameters)

@ValidateParameters
def add_numbers(*list_string):
    return "".join(list_string)

#  returns anb
print(concate("a", "n", "b"))

# raises Error.
print(concate("a", 1, "c"))
```

你可能已经注意到了，上面使用装饰器进行了类型验证。

和你看到的一样，有很多地方可以使用装饰器来使代码更整洁。无论何时使用装饰器模式，都可以使用 Python 的装饰器实现。理解装饰器有点小困难，因为需要对函数如何工作有一定程度的了解，但是，一旦对装饰器有了基本的了解，那么就可以在实际应用中使用它们。你会发现使用它们会让代码变得非常整洁。

5.2　上下文管理器

和装饰器一样，上下文管理器也是 Python 的一个有用的特性。在日常编写代码的时候，你可能没有意识到这一点，特别是在使用 Python 内置库的时候。一个常见的例子就是文件操作或 socket 操作。

此外，上下文管理器在编写 API 或第三方库时非常有用，因为它使你的代码更具有可读性，并防止使用者编写不必要的代码来清理资源。

5.2.1　上下文管理器及用途

正如我所提到的，在使用文件或 socket 操作时，可能会不知不觉地使用上下文管理器。参见代码清单 5-17。

代码清单5-17　使用上下文管理器的文件操作

```
with open("temp.txt") as fread:
    for line in fread:
        print(f"Line: {line}")
```

这里的代码使用上下文管理器来处理操作，`with` 关键字是使用上下文管理器的一种方式。为了理解上下文管理器的用途，让我们在没有使用上下文管理器的情况下编写这段代码，如代码清单 5-18 所示。

代码清单5-18　没有使用上下文管理器的文件操作

```
fread = open("temp.txt")
try:
    for line in fread:
        print(f"Line: {line}")
finally:
    fread.close()
```

使用 **try-finally** 替换 **with** 语句，所以不必担心异常处理。

除了整洁的 API 之外，上下文管理器的主要用途就是资源管理。考虑这样一个场景：有一个函数可以读取用户输入的文件，如代码清单 5-19 所示。

代码清单5-19　读取文件

```
def read_file(file_name):
"""Read given file and print lines."""
try:
    fread = open("temp.txt")
    for line in fread:
        print(f"Line: {line}")
catch IOError as error:
    print("Having issue while reading the file")
    raise
```

首先，很容易忘记在前面的代码中添加 **file.close()** 语句，在读取文件之后，**read_file** 函数并没有关闭该文件。现在考虑 **read_file** 被连续调用了数千次，这将在内存中打开数千个文件句柄，并且可能会导致内存泄漏。为了防止这些情况，可以使用上下文管理器，如代码清单 5-20 所示。

类似地，这里也会出现内存泄漏，因为系统对在一定时间内可以使用的资源数量有限制。在代码清单 5-20 中，当打开一个文件时，操作系统将分配一个称为文件描述符（file descriptor）的资源，该资源受操作系统的限制。因此，当超过操作系统的这个限制时，程序就会崩溃，并产生 OSError 的消息。

代码清单5-20　文件描述符的泄漏

```
fread = []
for x in range(900000):
    fread.append(open('testing.txt', 'w'))

>>> OSError: [Errno 24] Too many open files: testing.txt
```

显然，上下文管理器可以更好地处理资源，在本例中，包括关闭文件并在完成文件操作后释放文件描述符。

5.2.2 理解上下文管理器

正如你所看到的，上下文管理器对于资源管理非常有用。让我们看看如何创建它们。

为了创建 with 语句，你需要做的就是为对象添加 __enter__ 和 __exit__ 方法。Python 在需要管理资源的时候将调用这两个方法，所以不必担心这两个方法的调用。

因此，让我们看看和打开文件类似的例子，以及如何创建上下文管理器，参见代码清单 5-21。

代码清单5-21 管理文件

```python
class ReadFile:
    def __init__ (self, name):
        self.name = name
    def __enter__ (self ):
        self . file = open (self.name, 'w' )
        return self
    def __exit__ (self,exc_type,exc_val,exc_tb):
        if self.file :
            self.file.close()
with ReadFile(file_name) as fread:
    f.write("Learning context manager")
    f.write("Writing into file")
```

当运行这段代码时，现在不会出现文件描述符泄漏的问题，因为 ReadFile 函数解决了这个问题。

这是因为当 with 语句执行时，Python 调用了 __enter__ 方法，当离开上下文代码块（with）时，执行 __exit__ 来释放资源。

让我们看一看上下文管理器的一些规则。

❑ __enter__ 返回一个对象，这个对象会被赋值给上下文管理器代码块中 as 之后的变量。这个对象通常情况下是 self。

❑ __exit__ 调用的是原始的上下文管理器，而调用不是由 __enter__ 返回的。

❑ 如果在 __init__ 或 __enter__ 方法中抛出异常或有错误，那么 __exit__ 将不会被调用。

❑ 一旦进入了上下文管理器代码块，无论抛出什么异常或产生什么错误，都会调用 __exit__。

❑ 如果 __exit__ 返回 true，那么将忽略任何异常，会没有错误地退出上下文管理器代码块。

让我们通过代码清单 5-22 来试着理解这些规则。

代码清单5-22　上下文管理器类

```
class ContextManager():
    def __init__(self):
        print("Crating Object")
        self.var = 0

    def __enter__(self):
        print("Inside __enter__")
        return self

    def __exit__(self, val_type, val, val_traceback):
        print('Inside __exit__')
        if val_type:
            print(f"val_type: {val_type}")
            print(f"val: {val }")
            print(f"val_traceback: {val_traceback}")
>> context = ContextManager()
Creating Object
>> context.var
0
>> with ContextManager() as cm:
>>     print("Inside the context manager")
Inside __enter__
Inside the context manager
Inside __exit__
```

5.2.3　使用 contextlib 创建上下文管理器

Python 提供了一个名为 contextlib.contextmanager 装饰器的库，而不是通过编写类来创建上下文管理器，它比编写上下文管理器的类更方便。

这个 Python 内置库让编写上下文管理器更容易。你不需要实现 __enter__ 和

__exit__ 方法来创建上下文管理器。

contextlib.contextmanager 装饰器是一个基于生成器的工厂函数，用于支持 with 语句，如代码清单 5-23 所示。

代码清单5-23　使用contextlib创建上下文管理器

```
from contextlib import contextmanager

@contextmanager
def write_file(file_name):
    try:
        fread = open(file_name, "w")
        yield fread
    finally:
        fread.close()

>> with write_file("accounts.txt") as f:
        f.write("Hello, how you are doing")
        f.write("Writing into file")
```

首先 write_file 获取资源，然后代码中的 yield 关键字生效，当从 with 代码块退出时，生成器将继续执行，以便执行剩余的清理步骤（如清理资源）。

当 @contextmanager 装饰器用于创建上下文管理器时，生成器 yield 的值是上下文资源。

基于类的装饰器和基于 contextlib 的装饰器的实现是类似的，你可以选择一种方法实现装饰器。

5.2.4　上下文管理器的示例

让我们看看，在日常编程和项目中的哪些地方使用上下文管理器能带来好处。

在许多情况下，你可以使用上下文管理器让你的代码变得更好，这意味着代码没有 bug、代码更整洁。

我们将探索两个不同的场景，在这些场景中，你可以从开始就使用上下文管理器，除了这些场景之外，你还可以在许多不同的特性实现中使用上下文管理器，为此，你应该找到使用上下文管理器的最佳时机。

1. 访问数据库

你可以在访问数据库资源时使用上下文管理器。当进程处理数据库中的数据并修改值的时候，你可以锁定数据库，当完成操作后就可以释放锁。

代码清单 5-24 显示了一些 SQLite3 的代码（自来于 https://docs.python.org/2/library/sqlite3.html#using-theconnection-as-a-context-manager）

代码清单5-24 sqlite3的锁

```
import sqlite3

con = sqlite3.connect(":memory:")
con.execute("create table person (id integer primary key, firstname varchar unique)")

# Successful, con.commit() is called automatically afterwards
with con:
    con.execute("insert into person(firstname) values (?)", ("Joe",))

# con.rollback() is called after the with block finishes with an exception, the
# exception is still raised and must be caught
try:
    with con:
        con.execute("insert into person(firstname) values (?)",
        ("Joe",))
except sqlite3.IntegrityError:
    print "couldn't add Joe twice"
```

这是使用上下文管理器实现自动提交和出错回滚的例子。

2. 编写测试代码

在编写测试代码时，很多时候你希望用代码抛出不同类型的异常来模拟测试某个服务。在这些情况下，上下文管理器非常有用。像 pytest 这样的测试库具有一些特性，允许你使用上下文管理器来编写那些异常或模拟服务的代码，参见代码清单 5-25。

代码清单5-25　异常测试

```
def divide_numbers(self, first, second):
    isinstance(first, int) and isinstance(second, int):
        raise ValueError("Value should be int")

    try:
        return first/second
    except ZeroDevisionException:
        print("Value should not be zero")
        raise
with pytest.raises(ValueError):
    divide_numbers("1", 2)
```

你也可以像下面这样使用它：

```
with mock.patch("new_class.method_name"):
    call_function()
```

`mock.patch` 是一个上下文管理器可以用作装饰器的例子。

3. 共享资源

使用 `with` 语句，一次只允许访问一个进程。假设你必须用 Python 编写代码锁定一个文件，它可以同时被多个 Python 进程访问，但是你期望一次只有一个进程访问。你可以用上下文管理器实现，参见代码清单 5-26。

代码清单5-26　读取文件时使用共享资源锁定文件

```
from filelock import FileLock

def write_file(file_name):
    with FileLock(file_name):
        # work with the file as it is now locked
        print("Lock acquired.")
```

这段代码使用 `filelock` 库锁定文件，所以这个文件只能同时被一个进程读取。

上下文管理器的代码块在文件操作没有完成时，会阻止其他进程操作这个文件。

4. 远程连接

在网络编程中，主要使用 socket 和不同的网络协议来访问不同的内容。当你使用远程连接访问资源或做其他事情时，可以考虑使用上下文管理器来管理网络连接的资源。远程连接是使用上下文管理器的最好的地方之一，参见代码清单 5-27。

代码清单5-27　使用远程连接

```
class Protocol:
    def __init__(self, host, port):
        self.host, self.port = host, port
    def __enter__(self):
        self._client = socket()
        self._client.connect((self.host, self.port))
        return self
    def __exit__(self, exception, value, traceback):
        self._client.close()
    def send(self, payload): <code for sending data>
    def receive(self): <code for receiving data>

with Protocol(host, port) as protocol:
    protocol.send(['get', signal])
    result = protocol.receive()
```

这段代码使用上下文管理器管理 socket 访问远程连接的资源，它为你处理了很多事情。

> *注意* 上下文管理器可以用于各种情况。每当编写测试代码时，遇到管理资源或处理异常时，都可以使用上下文管理器。上下文管理器还可以使你的 API 更整洁，并把大量的瓶颈代码隐藏起来，使你的接口非常整洁。*

5.3　小结

装饰器和上下文管理器是 Python 应用程序设计的首选。装饰器是一种设计模式，允许你在不修改现有代码的情况下向现有对象添加新功能。类似地，上下文管理器允许你有效地管理资源，你可以在函数之前和之后使用它们运行特定的代码段。它们还可以让你的 API 更整洁、更易理解。下一章中将探索更多的工具，如生成器和迭代器，以提高程序的质量。

第 6 章 | *Chapter 6*

生成器与迭代器

生成器（generator）与迭代器（iterator）是 Python 语言体系里十分有用的工具，不仅可以帮助我们处理复杂的数据问题，还可以帮助我们写出更加整洁且性能更好的代码。

Python 为这两个特性提供了一个非常有用的库，你将在本章了解它们，并将探索不同的问题。生成器和迭代器可以轻松地处理一些问题，并提供优雅整洁的解决方案。

6.1 使用生成器和迭代器

本章将探索迭代器和生成器所提供的丰富特性，并看到这两个特性如何应用在你的代码中以使其变得更好。这两个特性在解决数据问题时非常有效。

6.1.1 理解迭代器

迭代器是一个工作在数据流上的对象。一个迭代器对象有一个名为 `__next__` 的方法，当你使用 `for` 循环、列表推导（list comprehension），或者任何遍历所有数据点的方法从对象或其他数据结构获取数据时，都是 `__next__` 这个方法在后台发挥作用。

代码清单 6-1 显示了如何创建一个类并使它成为迭代器。

代码清单6-1　迭代器类

```
class MutiplyByTwo:
    def __init__(self, number):
        self.number = number
        self.count = 0

    def __next__(self):
        self.counter += 1
        return self.number * self.counter

mul = Mutiple(500)
print(next(mul))
print(next(mul))
print(next(mul))
>>> 500
>>> 1000
>>> 1500
```

让我们看看在 Python 中迭代器是如何工作的。在前面的代码中，你实现了一个名为 MultiplyByTwo 的类，该类有一个名为 __next__ 的方法，每当它被调用时，都会返回一个新的迭代器。迭代器通过一个内部维护的变量来记录序列中的位置，你可以看到 __next__ 方法中使用了 counter 变量⊖。但是，如果你试图在一个 for 循环中使用这个类，你将会得到一个如下的异常：

```
for num in MultiplyByTwo(500):
    print(num)
>>> MultiplyByTwo object is not iterable.
```

需要注意的是，MultiplyByTwo 是一个迭代器，而不是一个可迭代对象，它并不支持被 for 循环遍历。让我们继续看看什么是可迭代对象，以及它和迭代器有哪些不同。

一个可迭代对象有一个名为 __iter__ 的方法，该方法始终返回一个迭代器。当在任意对象上调用 __iter__ 方法时，它返回一个迭代器，该迭代器可以用于遍历可迭代对象以获取数据。在 Python 中，字符串、列表、文件和字典都是可迭代对象的例子。

⊖ __next__ 方法决定了数据产生的逻辑，既可以是容器中的下一个值，也可以是通过计算产生的新值。通过不断调用 __next__ 方法，你将会得到一个数据序列。——译者注

当你在其中尝试使用 `for` 循环时，它们会运行良好，因为循环会返回一个迭代器。

现在你理解了可迭代对象和迭代器之间的区别，让我们修改一下 `MultiplyByTwo`，让它成为一个可迭代对象。参见代码清单 6-2。

代码清单6-2　带for循环的迭代器类

```python
class MultiplyByTwo:
    def __init__(self, num):
        self.num = num
        self.counter = 0

    def __iter__(self):
        return self

    def __next__(self):
        self.counter += 1
        return self.number * self.counter

for num in MutliplyByTwo(500):
    print(num)
```

上面代码中的迭代器会一直运行下去，持续返回新的值，这在某些情况下是非常有用的，但是如果你需要一个只返回有限数值的迭代器时，该怎么办呢？代码清单 6-3 提供了解决方案。

代码清单6-3　可以停止的迭代器

```python
class MultiplyByTwo:
    def __init__(self, num, limit):
        self.num = num
        self.limit = limit
        self.counter = 0

    def __iter__(self):
        return self

    def __next__(self):
        self.counter += 1
        value = self.number * self.counter

        if value > self.limit:
            raise StopIteration
        else:
            return value
```

```
for num in MutliplyByTwo(500, 5000):
    print(num)
```

当引发 `StopIteration` 这个异常时，`MultiplyByTwo` 对象收到已经到达限制的信号，Python 会自动处理这个异常，并退出循环。

6.1.2　什么是生成器

生成器在读取大量数据或者文件时非常有用。它可以被暂停和恢复。生成器返回一个像列表一样可被迭代的对象，但是跟普通列表不同，生成器返回的对象支持延迟加载，它一次只会生成一个对象，而不是一次性生成全部对象并返回。跟其他数据结构相比，生成器在大量数据的场景下能够显著提高内存的利用率。

让我们试着实现一个跟上面的迭代器类似的乘法函数。参见代码清单 6-4。

代码清单6-4　生成器的例子

```
def multiple_generator(num, limit):
    counter = 1
    value = number * counter

    while value <= limit:
      yield value
      counter += 1
      value = number * counter

for num in multiple_generator(500, 5000):
    print(num)
```

你会注意到这段代码比上面迭代器的代码要短一些，因为我们不需要定义 `__next__` 和 `__iter__` 这样的方法。同时，我们不需要专门维护一个内部变量来记录状态，也不需要引发异常。

你可能已经注意到这里有一个新的关键字 `yield`。`yield` 跟 `return` 很相似，但是它们的不同之处在于，`yield` 并不会结束整个函数，它只是暂停函数的执行，直到下一次调用。跟迭代器相比，生成器的可读性和运行效率都要好得多。

6.1.3 何时使用迭代器

迭代器在处理大量文件或数据流时非常有用。迭代器可以让我们更加灵活地一次只处理一段数据，而不是必须一次性地将全部数据都加载到内存中。

假设有一个 CSV 文件，其中包含了一个数字序列，而我们需要计算这些数字的和。我们可以将这些数字全部读取到一个列表中然后计算它们的和，也可以通过迭代器一行一行地从 CSV 文件读取数据并逐行进行计算。

让我们看看这两种方式有什么不同，见代码清单 6-5。

代码清单6-5　使用列表读取CSV文件

```python
import csv
data = []
sum_data = 0
with open("numbers.csv", "r") as f:
  data.extend(list(csv.reader(f)))
for row in data[1:]:
  sum_data += sum(map(int, row))
print(sum_data)
```

请注意，现在是将数据保存在一个列表中，然后计算列表中数字的和。这种方式需要较多的内存开销，并且有可能导致内存泄漏，因为首先你需要将 CSV 文件数据读入内存，然后将它们复制到列表中，当文件越大的时候，这样的操作风险也越大。在代码清单 6-6 的例子中，你可以看到迭代器是如何一次只处理一行数据，而不需要一次将所有的数据都转储到内存中。

代码清单6-6　使用迭代器读取CSV文件

```python
import csv
sum_data = 0
with open('numbers.csv', 'r') as f:
  reader = csv.reader(f)
  for row in list(reader)[1:]:
      sum_data += sum(map(int, row))
print(sum_data)
```

这段代码一次只计算一行数据，它每次通过迭代器从 CSV 文件获取新一行的数据，然后将其累加到之前的结果上。

迭代器也适用于从数据库中读取数据的场景。让我们考虑如下的场景，这里有一家电子商务公司通过在线商城出售商品，用户通过在线支付购买这些商品。用户的支付记录存储在一个叫作 Payment 的数据表中，每隔 24 小时会有另外一个自动化系统查询 Payment 数据表，然后计算过去 24 小时所取得的全部收入。

这里有两种方案可以处理这个场景。第一种方案是从 Payment 数据表中一次性查询出所需要的数据并保存在一个列表中，然后计算求和。在普通的日子里，这个方案不会有问题，但是考虑一下，在某些特别的日子里，比如黑色星期五或其他类似的假日，公司在这一天销量大增，产生了几百万条销售记录。当你试图一次性将这几百万条记录全部加载到内存中时，你的系统也许会因此而宕机。第二种方案是每次只从 Payment 数据表中查询 100 或 1000 条记录，然后计算它们的总和。在 Django 中，你可以用类似于代码清单 6-7 中的代码来解决问题。

代码清单6-7　使用迭代器从数据库读取支付信息

```
def get_total_payment():
    payments = Payment.objects.all()
    sum_amount = 0
    if payments.exists():
        for payment in payments.iterator():
            sum_amount += payment
    return sum_amount
```

这段代码通过每次只从数据库加载一条记录来计算它们的总和，而不是一次性读取全部的数据。

6.1.4　使用 itertools

Python 提供了一个名为 **itertools** 的模块，它包含了一系列有用的方法。由于篇幅有限，我们不能讨论所有方法，在这里仅介绍其中一部分。

1. combinations()

```
itertools.combinations(iterable, r)
```

这个工具为我们返回可迭代对象中所有长度为 r 的子序列，下面的例子返回了长度为 2 的所有子序列。

```
from itertools import combinations

print(list(combinations('12345',2)))
[('1', '2'), ('1', '3'), ('1', '4'), ('1', '5'),
 ('2', '3'), ('2', '4'), ('2', '5'),
 ('3', '4'), ('3', '5'),
 ('4', '5')
]
```

2. permutations()

```
itertools.permutations(iterable, r)
```

这个工具将返回可迭代对象中所有长度为 r 的全排列子序列。如果 r 为 None，则 r 默认等于可迭代对象的长度。

```
from itertools import permutations

print(permutations(['1','2','3']))

print(list(permutations(['1','2','3'])))
[('1', '2', '3'), ('1', '3', '2'),
 ('2', '1', '3'), ('2', '3', '1'),
 ('3', '1', '2'), ('3', '2', '1')
]
```

3. product()

```
itertools.product(iterable, r)
```

这个工具将根据输入的可迭代对象生成笛卡尔积的子序列，类似于嵌套循环。

举一个例子，product(x, y) 将为我们生成如下序列：

```
((x,y) for x in A for y in B)
```

```
from itertools import product

print(list(product([1,2,3],repeat = 2)))
[(1, 1), (1, 2), (1, 3),
 (2, 1), (2, 2), (2, 3),
 (3, 1), (3, 2), (3, 3)
]
```

（1）count()

itertools.count(start=0, step=1)

count() 是一个迭代器，返回从 **start** 开始以 **step** 为步长的数字序列。

在下面的例子中，count() 将返回一个步长为 4 的数字序列。

```
import itertools
for num in itertools.count(1, 4):
    print(item)
    if item > 24:
        break
```

>>> 1, 5, 9, 13, 17, 21

（2）groupby()

itertools.groupby(iterable, key=None)

itertools.groupby 这个工具将帮助你对数据进行分组。

在下面这个简单的例子中，你将会对数字序列中出现的数字字符进行分组。

```
numbers = 555441222
result = []
for num, length in groupby(numbers):
    result.append((len(list(length)), int(num)))
print(*result)
```

>>> (3, 5)(2,4)(1,1)(3,2)

itertools 还提供了其他许多有用的方法，你可以在 https://docs.python.org/3.7/ library/ itertools.html 找到更多信息。

6.1.5　为什么生成器非常有用

　　跟迭代器一样，生成器可以减少程序运行时的内存开销。这是由于迭代器实现了延迟加载的特性，你只需要获取每次操作所需的数据，而不必一次性将所有数据都加载到内存中。所以，在解析大文件或者从数据库读取大量数据时，生成器也可以帮助减少内存开销和 CPU 占用。

如果你打算采用延迟加载的方式来读取文件，你可以使用 yield 关键字，yield
会为你创建一个生成器函数。参见代码清单 6-8。

代码清单6-8　使用生成器读取块数据

```
def read_in_chunks(file_handler, chunk_size=1024):
    """Lazy function (generator) to read a file piece by piece.
    Default chunk size: 1k."""
    while True:
        data = file_handler.read(chunk_size)
        if not data:
            break
        yield data

f = open('large_number_of_data.dat')
for piece in read_in_chunks(f):
    print(piece)
```

代码清单 6-8 显示了如何使用生成器从大文件中分块读取，而不是一次性将全部文
件都加载到内存中。

6.1.6　列表推导和迭代器

列表推导和迭代器是创建数字序列的两种不同方式，它们在如何将数字保存在内存
中以及在生成数字时所执行的操作方面存在着显著差异。

```
# This is iterators expression to generate numbers up to 200.
 (x*2 for x in xrange(200))
# List comprehension expression to generate numbers up to 200

    [x*2 for x in xrange(200)]
```

最主要的区别在于，列表推导表达式一旦完成就会把 200 个数字全部保存在内存中。
而迭代器表达式会创建一个动态生成数字的迭代器对象，这也是迭代器效率更高的原因。
同时，迭代器可以让你通过传递对象来动态生成数字，这提供了较大的灵活性。

6.2　使用 yield 关键字

在深入理解 yield 关键字之前，将先讨论如何在 Python 中使用 yield 关键字。

当你在自己的函数中使用 yield 关键字时，调用该函数将返回一个生成器对象。但是，这并不会执行你的函数。一旦获取了生成器对象，那么每次从生成器中提取对象时（通过 for 循环或者 next()），Python 就会执行你的函数，直到遇到 yield 关键字。当遇到 yield 关键字时，它将会返回对象并且暂停执行，直到你提取了这个返回对象。一旦你提取了这个对象，Python 就会继续执行 yield 后面的代码，直到遇到另一个 yield 关键字（既可以是同一个 yield 关键字也可以是不同的）。当一个生成器被耗尽时，它将会抛出一个 StopIteration 异常，该异常会被 for 循环自动处理。

换句话说，yield 关键字与 return 很相似，只不过函数返回的是一个生成器。参见代码清单 6-9。

代码清单6-9　使用生成器生成数字

```
def generate_numbers(limit):
    for item in xrange(limit):
        yield item*item
        print(f"Inside the yield: {item}")

numbers = generate_numbers() # create a generator

print(numbers) # numbers is an object!
<generator object generate_numbers at 0xb7555c34>

for item in numbers:
    print(item)
0
1
4
```

在这里，你使用 yield 关键字创建了一个生成器函数。请注意，当你调用 generate_numbers() 函数时，将会得到 numbers 对象，这是一个生成器对象。你可以使用它来动态生成数字。

当你第一次在 for 循环中调用生成器对象时，它将从 generator_numbers 的起始处开始执行函数，直到遇到 yield 关键字，然后停止并返回循环中的第一个值。当它第二次被调用时，它将从 yield 关键字的下一行开始执行，即 print(f"Inside the yield: {item}")。它会重复这么做直到达到极限。

6.2.1　yield from

从 Python 3 开始就使用 `yield from` 关键字了，`yield from` 的主要用途是从其他生成器返回一个值，如代码清单6-10所示。

代码清单6-10　使用yield from关键字生成数字

```
def flat_list(iter_values):
    """flatten a multi list or something."""
    for item in iter_values:
        if hasattr(item, '__iter__'):
            yield from flat_list(item)
        else:
            yield item
print(list(flat_list([1, [2], [3, [4]]])))
>>> [1, 2, 3, 4]
```

与在 `flat_list` 上迭代不同，这里使用的是 `yield from`，它不仅缩短了行数，而且使代码更整洁。

6.2.2　yield 相比数据结构更快

如果你需要处理大量的数据并且关心性能，那么显然应该使用生成器来生成数据，而不是依赖列表或元组之类的数据结构。

下面是一个简单的例子：

```
data = range(1000)
def using_yield():
    def wrapper():
        for d in data:
            yield d
    return list(wrapper())

def using_list():
    result = []
    for d in data:
        result.append(d)
    return result
```

运行这两段代码示例，你将发现使用 `yield` 肯定比使用列表要快。

6.3　小结

　　生成器和迭代器非常有用，特别是在处理大量数据或大文件时。你需要特别关心内存和 CPU 的占用，因为过度消耗将会导致诸如内存泄漏之类的问题。Python 提供了 `itertools` 和 `yield` 这类工具帮助你避免这些问题。在处理大文件、访问数据库或调用多个 API 时，需要格外小心，可以使用这些工具使你的代码更整洁、更高效。

第 7 章 | *Chapter 7*

使用 Python 的新特性

在最新的 Python 3 版本中引入的新特性，使得用 Python 编写程序变得更加有趣。Python 已经有了很多很棒的特性，而 Python 3 使其成为特性更加丰富的编程语言。Python 3 提供了一些特性，比如异步编程、类型标注、更好的性能、对迭代器的改进等。

在本章中，你会学到一些新的特性，与之前的 Python 版本相比，这些新的特性可以让你的代码更好、性能更高。你将会学会如何使用这些新的特性，以及在哪些地方使用它们。

注意　你可以在官方文档 https://docs.python.org/3/whatsnew/3.7.html 中查阅 Python 的新特性。在编写本书时，Python 3 仍处于开发阶段，因此可能有一些改进点这里没有提及。换句话说，请密切关注 Python 官方文档中的最新特性。

7.1　异步编程

如果你曾经使用另一种语言（如 JavaScript）进行过异步编程，你就会知道异步编程不是一个简单的话题。在 Python 3.4 之前，有一种使用第三方库进行异步编程的方法，但是与支持异步编程较好的 NodeJS 比较，Python 3.4 之前这种使用第三方库进行异步编程的方式有些不够好。

Python 在这个问题上处理得很灵活，因为 Python 可以同时编写同步和异步代码。与同步编程相比，使用异步编程可以使代码性能更高，因为它有效地使用了资源。然而，知道什么时候应该使用异步编程，什么时候不应该使用异步编程很重要。

在进一步讨论之前，让我们先讨论异步编程和同步编程。在同步世界中，事情一次只发生一个。调用一个函数或操作时，你的程序只能等待它完成，然后再继续做下一件事情。当函数完成其操作时，函数才能返回结果。虽然操作是由函数执行的，但是系统除了等待它完成之外，不再做任何其他的事情。

在异步世界中，多个事情可以同时发生。当启动一个操作或调用一个函数时，程序将会继续运行，你可以执行其他操作或调用其他函数，而不只是等待异步函数执行完成。一旦异步函数完成了工作，程序就可以访问异步函数的执行结果。

例如，假设你必须通过调用不同公司的股票 API 来获取不同公司的股票数据。在同步代码中，将调用第一个股票 API 并等待响应，然后调用另一个股票 API 并等待响应。这是一种运行程序的简单方法，然而，程序花费了太多的时间来等待响应。在异步代码中，首先调用第一个股票 API，然后调用第二个股票 API，再调用第三个股票 API，之后继续调用，直到其中一个 API 获得结果为止。收集结果并继续调用其他股票 API，而不是等待结果。

在本节中，我们将探索 Python 中的异步编程，以便了解如何使用它。下面三项是 Python 异步编程的主要模块：

❑ 事件循环主要是管理、分发和执行不同的任务。事件循环注册每个任务并负责这些任务之间的流控制。
❑ 协程（coroutine）是安排事件循环执行的函数，`await` 将控制权转移给事件循环。
❑ future 表示可能已执行或尚未执行的任务的结果，结果可能是一个异常。

7.1.1 Python 中的 async

为了在 Python 编程中实现异步编程，Python 引入了两个主要组件：

❑ asyncio：这是允许 API 管理和运行协程的一个 Python 包。

❑ async/await：Python 引入了两个新的关键字来处理异步代码，它们能够定义协程。

基本上，Python 现在支持同步和异步两种不同的编程方式。根据选择的方式不同，在设计代码时应该以不同的方式思考，因为代码的功能和行为是不同的，这两种方式之间也有不同的库。换句话说，异步和同步的编程风格和语法都是不同的。

为了说明这一点，如果正在进行 HTTP 调用，则不能使用阻塞 `requests` 库，可以考虑使用 `aiohttp` 进行 HTTP 调用。类似地，如果使用的是 Mongo 驱动程序，就不能依赖于 `mongo-python` 之类的同步驱动程序。必须使用像 `motor` 这样的异步驱动程序来访问 MongoDB。

在同步世界中，没有简单的方法可以在 Python 实现并发或并行。不过，可以使用 Python 的线程模型来并行运行代码。但是，在异步世界中（不要将其与并行混淆），情况已经变得比较好了。现在所有的代码都在一个事件循环中运行，它可以同时运行多个协程。这些协程以同步方式运行，直到遇到 `await`，然后暂停，从而控制事件循环。另一个协程将有机会执行一个动作或者发生其他事情。

同样重要的是，不能在同一个函数中混合异步和同步代码。例如，不能在同步函数中使用 `await`。

在深入了解异步编程之前（尤其是在 Python 中），有几件事情需要注意。

❑ 在同步编程中，当希望停止执行或使程序不做任何事情时，通常使用 `time.sleep(10)` 函数。然而，在异步世界中，并不能像你所期望的那样，你应该使用 `await asyncio.sleep(10)`。`time.sleep(10)` 并不会将控制权返回给事件循环，并且会阻塞整个进程。任何事情都不会发生，这可能是一件好事，因为这导致代码从一个 `await` 调用移动到另一个 `await` 调用时，发生竞态条件变得更加困难。

❑ 如果在异步函数中使用了阻塞代码，Python 不会有任何提示或警告，但是代码执行速度会比较慢。此外，Python 还有调试模式，它会警告一些导致阻塞时间过长的错误。

❏ 在同一个代码库中编写同步和异步代码时，可能需要编写同步和异步两份类似的
代码。在大多数情况下，在异步和同步代码中使用相同的库是不可能的[⊖]。

❏ 在编写异步代码时，应该做这样的假设：和同步代码的控制权相比，异步代码的
控制权在执行时有可能会被中断[⊖]。尤其是代码中存在多个协程的时候更容易发
生这种情况。

❏ 和你想象的一样，调试异步代码变得越来越困难，目前还没有好的调试工具和
技术。

❏ 在 Python 中测试异步代码很不方便，目前缺少好的库来测试异步代码。你可能
会看到一些库正在尝试做到这一点，但是这些库还没有像 JavaScript 等其他编程
语言的库那么成熟。

❏ 在同步代码中使用 Python 的 `async` 关键字，比如在同步函数中使用 `await`，会
导致语法错误。

改变异步设计的思维方式也很重要。如果代码库中同时有同步和异步代码，则必须
以不同的方式对待它们。`async def` 中的任何代码都是异步代码，其他的都是同步代码。

以上两种情况应该考虑使用异步代码：

❏ 从异步代码调用异步代码，可以使用所有的 Python 关键字（比如 `await` 和
`async`）来利用 Python 的异步代码。

❏ 从同步代码调用异步代码，可以在 Python 3.7 中通过调用异步中的 `run()` 函数
来实现。

总体来说，在 Python 中编写异步代码并不像编写同步代码那么容易。Python 的异
步模型基于 event（事件）、callback（回调）、transport（传输）、protocol（协议）和 future
等概念。好消息是，`asyncio` 库正在发展，每个版本都在改进。Python `asyncio` 在不
断地改进！

⊖ 除非这个库同时提供了同步和异步的调用形式，否则在异步和同步代码中使用相同的库是不可能
的。——译者注

⊖ 异步代码在执行过程中，有可能会被其他的协程中断，例如遇到 IO 阻塞或主动释放控制权等。——译
者注

> **注意** 在编写任何异步代码之前，确保以正确的异步思维编写异步代码，特别是当你具有同步编程背景时。很多时候，你会觉得自己无法理解异步编程。使用小块的异步代码并将其引入你的代码库中，最小的影响是开始使用它的好方法。对异步代码进行良好的测试会确保在代码库中的更改不会破坏现有的功能。在 Python 的异步世界中，事情正朝着更好的方向快速发展。因此，请密切关注 Python 的新版本，了解异步编程中的所有新特性。

7.1.2　asyncio 是如何工作的

我们已经讨论了 asyncio 的一些背景知识，现在让我们看看 asyncio 实际上是如何工作的。Python 引入了 asyncio 包来编写异步代码，包提供了 async 和 await 两个关键字。接下来，让我们深入研究一个简单的异步示例，看看 Python 异步实际上是如何工作的。见代码清单 7-1。

代码清单7-1　简单的异步编程的示例

```python
import asyncio
async def hello(first_print, second_print):
    print(first_print)
    await asyncio.sleep(1)
    print(second_print)

asyncio.run(hello("Welcome", "Good-bye"))
Welcome
Good-bye
```

代码清单 7-1 显示了一些简单的 asyncio 代码，它首先打印 "Welcome"，然后一秒钟后打印 "Good-bye"。让我们看看它是如何工作的。asyncio.run() 使用传入的两个参数 Welcome 和 Good-bye 调用异步函数 hello。当调用 hello 函数时，首先打印 first_print，然后等待一秒钟再打印 second_print。这种行为可能看起来像同步代码，然而深入了解细节可能会让你感到惊讶，而且会帮助你理解异步代码实际上是如何工作的。让我们先来了解一下这里用到的一些术语。

1. 协程函数

在 Python 中，使用 `async def` 声明的函数叫作协程函数（coroutine function）。代码清单 7-1 中的 `async def hello(first_print, second_print)` 就是协程函数。

2. 协程对象

调用协程函数返回的对象叫作协程对象。接下来会有一些示例，从这些示例中，可能会更清楚地了解协程函数和协程对象（coroutine object）之间的区别。

3. asyncio.run()

`asyncio.run()` 函数是 `asyncio` 的一个模块。它是任何异步代码的主要入口，并且只能被调用一次。这个函数做了以下两件事情：

❑ `asyncio.run()` 负责运行传递给它的协程。比如代码清单 7-1 中使用 `async def` 声明的 hello 协程函数。

❑ `asyncio.run()` 还负责管理 `asyncio` 的事件循环。负责在开始的时候创建事件循环，在结束的时候结束事件循环。

4. await

`await` 是一个关键字，它将函数控制权交回给事件循环，并挂起协程的执行。在代码清单 7-1 的示例中，当 Python 遇到 `await` 关键字时，它将 `hello` 的执行暂停一秒钟[⊖]，并将控制权交回给事件循环[⊜]，然后在一秒钟后恢复。

在详细讨论之前，让我们看一个更简单的示例，看看会发生什么。`await` 通常会挂起协程函数的执行，直到 `await` 所等待的执行结束。当协程的结果返回时，将继续执行。这里有一些 `await` 的规则：

❑ `await` 能且只能用于 `async def` 声明的函数内部。

⊖ 这里是指协程的执行暂停一秒钟，事件循环不会处于暂停状态。——译者注
⊜ 言外之意，事件循环此时就有可能继续调度／运行其他已经被暂停运行的协程。——译者注

❑ 如果在普通函数中使用了 `await`，程序将会引发异常。

❑ 调用协程函数时，必须等待协程函数返回结果。

❑ 当写了像 `await func()` 这样的代码时，要求 `func()` 必须是一个可等待（awaitable）对象，这就是说，`func()` 要么是一个协程函数，要么定义了一个返回迭代器的 `__await__()` 方法。

现在让我们来看一个更有用的示例，如代码清单 7-2 所示，在这个示例中，你将利用异步特性，尝试并发地运行代码。

代码清单7-2　使用asyncio运行两个任务

```python
import asyncio
import time

async def say_something(delay, words):
    print(f"Before: {words}")
    await asyncio.sleep(delay)
    print(f"After: {words}")

async def main():
    print(f"start: {time.strftime('%X')}")

    await say_something(1, "First task started.")
    await say_something(1, "Second task started.")

    print(f"Finished: {time.strftime('%X')}")

asyncio.run(main())
```

运行结果如下所示：

```
start: 11:30:11
Before: First task started.
After: First task started.
Before: Second task started.
After: Second task started.
Finished: 11:30:13
```

在这里，通过两次调用协程函数 `say_something` 来运行两次相同的协程函数，然后等待两次的调用运行完成。参照运行结果可能会注意到，`say_something` 协程函数首先运行，等待一秒钟，然后完成运行。之后 `main()` 函数再次调用 `say_something` 来执行另一个任务，即在一秒后打印第二个任务。这并不是使用 `async` 想得到的结果，这看起来仍然像是在运行同步代码。异步代码背后的主要思想是可以同时运行 say_something 两次。

让我们修改成并发运行的代码，参见代码清单 7-3。与代码清单 7-2 相比，你需要注意代码中的一些重要的变化。

代码清单7-3　使用asyncio并发运行两个任务

```python
import asyncio
import time
async def say_something(delay, words):
    print(f"Before: {words}")
    await asyncio.sleep(delay)
    print(f"After: {words}")
async def main():
    print(f"Starting Tasks: {time.strftime('%X')}")
    task1 = asyncio.create_task(say_something(1, "First task
    started"))
    task2 = asyncio.create_task(say_something(2, "Second task
    started"))

    await task1
    await task2

    print(f"Finished Tasks: {time.strftime('%X')}")

asyncio.run(main())
```

运行结果如下所示：

```
Starting Tasks: 11:43:56
Before: First task started
Before: Second task started
After: First task started
After: Second task started
Finished Tasks: 11:43:58
```

从运行结果中可以看到，say_something() 函数正在以不同的参数并发地运行相同的协程[⊖]，这正是我们想得到的并发运行的效果。

接下来，让我们分析一下例子中的代码是如何运行的：

⊖　参照线程，可理解为代码不同的执行路径。——译者注

❑ 使用第一个任务参数启动的 say_something 协程，称之为 task1；

❑ 然后在遇到 await 关键字时暂停执行一秒钟；

❑ 一旦 task1 遇到了 await，它将挂起正在运行的 task1，并将控制权交给事件循环；

❑ 另一个任务是 task2，它也是通过把 say_something 传给 create_task 来创建的；

❑ 当第二个任务 task2 开始运行时，它会遇到与 task1 相同的 await 关键字；

❑ 然后，task2 会挂起 2 秒钟，并将控制权交给事件循环；

❑ 接下来，事件循环会恢复第一个任务（task1），因为已经完成了 asyncio. sleep（sleep 1 秒钟）；

❑ 当 task1 完成运行时，第二个任务 task2 恢复运行直到完成运行。

需要注意的是 asyncio.create_task() 函数，它能够把协程函数封装为异步并发的任务，并发执行多个协程函数。

5. 任务

每当使用 asyncio.create_task() 之类的方法调用协程函数时，协程函数都会自动地被事件循环执行。任务能够并发运行协程函数，在 Python 异步世界中，称之为并发运行协程任务。让我们来看一个使用 asyncio 库创建任务的简单例子，参见代码清单 7-4。

代码清单7-4　创建简单任务的示例

```
import asyncio

async def value(val):
    return val
async def main():
    # Creating a task to run concurrently
    # You can create as many task as possible here
    task = asyncio.create_task(value(89))

    # This will simply wait for task to finish
    await task

asyncio.run(main())
```

另一种创建任务并等待所有任务完成的方法是使用 `asyncio.gather()` 函数。`asyncio.gather()` 函数能够将所有协程函数作为任务运行，并在将控制权交给事件循环之前等待它们的结果。

让我们看一个简单的例子，参见代码清单 7-5。

代码清单7-5　使用asyncio.gather()并发执行任务

```python
import asyncio
import time

async def greetings():
    print("Welcome")
    await asyncio.sleep(1)
    print("Good By")

async def main():
    await asyncio.gather(greetings(), greetings())

def say_greet():
    start = time.perf_counter()
    asyncio.run(main())
    elapsed = time.perf_counter() - start
    print(f"Total time elapsed: {elapsed}")

asyncio.run(say_greet())
```

执行这段代码，就会得到类似如下的结果：

```
Welcome
Welcome
Good By
Good By
Total time elapsed: 1.006283138
```

让我们试着理解一下代码清单 7-5 的代码是如何使用 asyncio.gather() 执行的。当运行代码时，你将注意到，`Welcome` 输出了两次，然后，`Good By` 也输出了两次。而打印的两个 `Welcome` 之间和两个 `Good By` 之间有一点延迟。

当从 `say_greet()` 函数调用 `async main()` 函数时，事件循环负责与 `greetings()` 函数通信，执行 `greetings()` 函数的工作被称之为任务。

在代码清单 7-5 的代码中，有两个正在运行的用于执行 `greetings()` 函数的任务。

另一个话题是 await 关键字，这是 Python 异步编程中的一个重要的关键字。任何可以与 await 一起使用的对象都可以称之为可等待对象。理解可等待对象非常重要，因为在深入理解之后，会帮助你更好地理解 asyncio 库的操作方式以及如何切换不同的任务。

6. 可等待对象

正如前面提到的，任何和 await 关键字一起使用的对象都叫可等待对象。大多数 asyncio API 都能够接受可等待对象，下面是异步编程中可等待对象的类型。

（1）协程

在 7.1.2 节中，我们已经接触过协程的概念了。在这里将进一步深入协程这个概念，看看它是如何成为一种可等待对象的类型。

所有的协程函数都是可等待的，因此可以从其他协程等待它们，可以将协程作为子协程使用，但是不能破坏异步规则。请参见代码清单 7-6。

代码清单7-6 协程等待其他协程

```python
import asyncio

async def mult(first, second):
    print(f"Calculating multiply of {first} and {second}")
    await asyncio.sleep(1)
    num_mul = first * second
    print(f"Multiply of {num_mul}")
    return num_mul

async def sum(first, second):
    print(f"Calculating sum of {first} and {second}")
    await asyncio.sleep(1)
    num_sum = first + second
    print(f"Sum is {num_sum}")
    return num_sum

async def main(first, second):
    await sum(first, second)
    await mult(first, second)

asyncio.run(main(7, 8))
```

运行结果如下所示：

```
Calculating sum of 7 and 8
Sum is 15
Calculating multiply of 7 and 8
Multiply of 56
```

在上面的例子中，使用 await 关键字调用了多次协程。

（2）任务

使用 asyncio.create_task() 方法，把协程包装成任务。在大多数情况下，如果正在处理异步代码，就使用 create_task() 并发运行协程，参见代码清单 7-7。

代码清单7-7　使用create_task执行协程

```python
import asyncio

async def mul(first, second):
    print(f"Calculating multiply of {first} and {second}")
    await asyncio.sleep(1)
    num_mul = first * second
    print(f"Multiply of {num_mul}")
    return num_mul

async def sum(first, second):
    print(f"Calculating sum of {first} and {second}")
    await asyncio.sleep(1)
    num_sum = first + second
    print(f"Sum is {num_sum}")
    return num_sum

async def main(first, second):
    sum_task = asyncio.create_task(sum(first, second))
    mul_task = asyncio.create_task(sum(first, second))
    await sum_task
    await mul_task

asyncio.run(main(7, 8))
```

运行结果如下所示：

```
Calculating sum of 7 and 8
Calculating sum of 7 and 8
Sum is 15
Sum is 15
```

在代码清单 7-7 的例子中可以看到，使用 `asyncio.create_task()` 方法创建的两个任务可以并发地运行。

一旦创建了任务，就可以使用 `await` 关键字并发地运行新创建的任务。任务运行完成后，就会将结果发送到事件循环。

（3）future

future 也是可等待对象，它表示异步执行的结果。协程需要一直等待，直到 Future 对象返回响应或完成操作。通常，不会在代码中显式地使用 Future 对象，因为 Future 对象已经由异步代码（`asyncio`）隐式地处理了。[⊖]

当创建一个 future 的实例时，这意味着它还没有完成，但会在将来的某个时候完成。

Future 有 `done()` 和 `cancel()` 等方法。当然通常不需要调用这些方法，但是，对于深入理解 Future 对象还是很有帮助的。

Future 对象实现了 `__await__()` 方法，Future 对象的职责是保存一定的状态和结果。

Future 有如下几种状态：

❑ `PENDING`：Future 正在等待执行完成。
❑ `CANCELLED`：取消状态，调用 `Future.cancel()` 方法可以设置为 `CANCELLED` 状态。
❑ `FINISHED`：有两种方法可以把 Future 对象设置为 `FINISHED` 状态，一种是调用 `Future.set_result()` 方法，另一种是调用 `Future.set_exception()` 方法。

代码清单 7-8 显示了 Future 对象的一个示例。

⊖ 有一个例外，截止到目前，使用 15.0 版本及以后的 pyzmq 的时候，调用类 zmq.asyncio.socket 对象的 recv/recv_multipart/send/send_multipart/poll 方法时，返回的不是数据，而是 Future 对象。——译者注

代码清单7-8　Future对象

```
from asyncio import Future

future = Future()
future.done()
```

运行结果如下所示：

False

现在可能是进一步了解 `asyncio.gather()` 方法的好时机，因为已经理解了可等待方法在 `asyncio` 中是如何工作的。

> 📖注意　这里只涉及 `asyncio.gather()` 方法，但是也建议看看其他的 `asyncio` 方法，看看它们的语法是什么样子的。在大多数情况下，了解这些函数需要哪种类型的输入以及为什么需要这些输入即可。

`asyncio.gather()` 语法如下所示：

```
asyncio.gather(*aws, loop=None, return_exceptions=False)
```

`aws` 既可以是一个协程，也可以是一个可调度的任务的协程列表。当所有任务都完成后，`asyncio.gather()` 方法将它们的结果聚合起来并返回。它按照可等待对象的顺序运行任务（即传给 aws 的协程列表的顺序）。

在默认情况下，`return_exceptions` 的值为 False，这意味着如果任何一个任务返回异常，那么当前正在运行的其他任务不会停止，将继续运行。

如果 `return_exception` 的值为 True，就认为它是一个成功的结果，并将聚合到结果列表中。

7. 超时

除了引发异常外，还可以在等待任务完成时执行超时操作。

`asyncio` 有一个方法叫 `asyncio.wait_for(aws,timeout,*)`，可以使用它来设置要运行的任务的超时时间。如果发生超时，它将取消任务的运行并引发 `asyncio.TimeoutError` 异常。超时值可以是 None 或 float 或 int，如果超时为 None，那么直到 Future 对象完成，它将阻塞。

代码清单 7-9 是一个异步超时的例子。

代码清单7-9　异步超时

```
import asyncio
async def long_time_taking_method():
    await asyncio.sleep(4000)
    print("Completed the work")

async def main():
    try:
        await asyncio.wait_for(long_time_taking_method(),
        timeout=2)
    except asyncio.TimeoutError:
        print("Timeout occurred")

asyncio.run(main())

    >> Timeout occurred
```

在代码清单 7-9 中，`long_time_taking_method` 方法耗时约 4 000 秒。但是，在 `main()` 中已经将 Future 对象的超时设置为 2 秒，因此，2 秒后由于 Future 对象还没有完成，所以将引发 TimeoutError 异常。

> **注意**　本节讨论的方法都是异步代码中最常见的方法。但是，`asyncio` 库中还有一些其他的库和方法，它们不太常见，或者用于更高级的场景。如果有兴趣了解更多关于 `asyncio` 的信息，可以查看 Python 官方文档。

7.1.3　异步生成器

异步生成器使得在异步函数中使用 `yield` 成为可能。因此，任何包含 `yield` 的异步函数都可以称为异步生成器。异步生成器的功能与同步生成器的功能是一样的，唯一的区别是可以异步调用。

与同步生成器相比，异步生成器确实提高了生成器运行的性能。根据 Python 文档，异步生成器比同步生成器快 2.3 倍。参见代码清单 7-10。

代码清单7-10　异步生成器

```
import asyncio

async def generator(limit):
    for item in range(limit):
        yield item
        await asyncio.sleep(1)
async def main():
    async for item in generator(10):
        print(item)

asyncio.run(main())
```

代码清单 7-10 的程序会每隔一秒依次打印从 0 到 9 的数字。这个示例展示了如何在异步代码中使用异步生成器。

1. 异步推导

Python 的异步功能提供了一个异步推导，类似于在同步代码中推导 `list`、`dict`、`tuple` 和 `set`。换句话说，异步推导类似于在异步代码中使用同步代码中的推导。

让我们看看代码清单 7-11 中的示例，它展示了如何使用异步推导。

代码清单7-11　异步推导

```
import asyncio

async def gen_power_two(limit):
    item = 0
    while item < limit:
        yield 2 ** item
        item += 1
        await asyncio.sleep(1)

async def main(limit):
    gen = [item async for item in gen_power_two(limit)]
    return gen

print(asyncio.run(main(5)))
```

这个示例会打印一个从 1 到 16 的数字列表。但是，5 秒钟以后才能看到结果，因为只有在完成所有任务后才能返回结果。

2. 异步迭代器

你应该看过迭代器的一些例子，比如 `asyncio.gather()`，它只是迭代器的一种形式。

在代码清单 7-12 中，可以使用 `asyncio.as_completed()` 迭代器，在任务完成时获取任务的结果。

代码清单7-12　异步迭代器as_completed

```
import asyncio
async def is_odd(data):
    odd_even = []
    for item in data:
        odd_even.append((item, "Even") if item % 2 == 0 else
        (item, "Odd"))
    await asyncio.sleep(1)
    return odd_even
async def is_prime(data):
    primes = []
    for item in data:
        if item <= 1:
            primes.append((item, "Not Prime"))
        if item <= 3:
            primes.append((item, "Prime"))
        if item % 2 == 0 or item % 3 == 0:
            primes.append((item, "Not Prime"))
        factor = 5
        while factor * factor <= item:
            if item % factor == 0 or item % (factor + 2) == 0:
                primes.append((item, "Not Prime"))
            factor += 6
    await asyncio.sleep(1)
    return primes
async def main(data):
    odd_task = asyncio.create_task(is_odd(data))
    prime_task = asyncio.create_task(is_prime(data))
    for res in asyncio.as_completed((odd_task, prime_task)):
        compl = await res
        print(f"completed with data: {res} => {compl}")

asyncio.run(main([3, 5, 10, 23, 90]))
```

运行结果如下所示：

```
completed with data: <coroutine object as_completed.._wait_for_
one at 0x10373dcc8>
=> [(3, 'Odd'), (5, 'Odd'), (10, 'Even'), (23, 'Odd'), (90,
'Even')]
completed with data: <coroutine object as_completed.._wait_for_
one at 0x10373dd48>
=> [(3, 'Prime'), (3, 'Not Prime'), (10, 'Not Prime'), (90,
'Not Prime'), (90, 'Not Prime')]
```

从代码清单 7-12 的运行结果中可以看到，这两个任务是并发运行的，并根据传递给两个协程的列表计算出素数或奇偶数。

当使用 asyncio.gather() 函数时，也可以通过 asyncio.gather() 而不是 asyncio.as_completed() 来创建类似的任务，如代码清单 7-13 所示。

代码清单7-13　使用asyncio.gather()迭代任务

```python
import asyncio

async def is_odd(data):
    odd_even = []
    for item in data:
        odd_even.append((item, "Even") if item % 2 == 0 else
        (item, "Odd"))
    await asyncio.sleep(1)
    return odd_even

async def is_prime(data):
    primes = []
    for item in data:
        if item <= 1:
            primes.append((item, "Not Prime"))
        if item <= 3:
            primes.append((item, "Prime"))
        if item % 2 == 0 or item % 3 == 0:
            primes.append((item, "Not Prime"))
        factor = 5
        while factor * factor <= item:
            if item % factor == 0 or item % (factor + 2) == 0:
                primes.append((item, "Not Prime"))
            factor += 6
    await asyncio.sleep(1)
    return primes
```

```
async def main(data):
    odd_task = asyncio.create_task(is_odd(data))
    prime_task = asyncio.create_task(is_prime(data))
    compl = await asyncio.gather(odd_task, prime_task)
    print(f"completed with data: {compl}")
    return compl
asyncio.run(main([3, 5, 10, 23, 90]))
```

运行结果如下所示：

```
completed with data:
[[(3, 'Odd'), (5, 'Odd'), (10, 'Even'), (23, 'Odd'), (90,
'Even')], [(3, 'Prime'), (3, 'Not Prime'), (10, 'Not Prime'),
(90, 'Not Prime'), (90, 'Not Prime')]]
```

有些人可能已经注意到，不需要编写循环来获取 **odd_task** 和 **prime_task** 的结果，因为 **asyncio.gather()** 完成了这项工作，它收集所有结果数据并将其发送给调用者。

3. 异步相关的第三方库

除了 **asyncio** 之外，还有一些第三方库可以实现相同的功能。大多数第三方库都试图解决异步中的一些问题。

但是，考虑到 Python **asyncio** 库的不断改进，建议你在项目中优先使用 **asyncio**，除 **asyncio** 完全没有实现项目中需要的功能。

让我们来看看一些可用于异步代码的第三方库。

（1）Curio

Curio 是一个支持用 Python 协程执行并发 I/O 的第三方库。它基于任务模型，该模型提供了线程和进程之间交互的高级功能。代码清单 7-14 展示了一个使用 Curio 库编写异步代码的简单示例。

代码清单7-14　Curio示例

```
import curio
async def generate(limit):
```

```
        step = 0
        while step <= limit:
            await curio.sleep(1)
            step += 1
if __name__ == "__main__":
    curio.run(generate, 10)
```

这将以异步方式生成 1 到 10 个数字。Curio 通过调用 `run()` 启动任务，使用 `async def` 定义任务。

任务在 Curio 内核中运行，直到没有任务可以运行时 Curio 才会停止。

使用 Curio 时要记住的是，它把异步函数当作任务运行，每个任务都需要在 Curio 内核中运行。

让我们再看一个 Curio 库的例子，它实际上运行多个任务。参见代码清单 7-15。

代码清单7-15　使用Curio运行多个任务

```
import curio
async def generate(limit):
    step = 0
    while step <= limit:
        await curio.sleep(1)
        step += 1
async def say_hello():
    print("Hello")
    await curio.sleep(1000)
async def main():
    hello_task = await curio.spawn(say_hello)
    await curio.sleep(3)

    gen_task = await curio.spawn(generate, 5)
    await gen_task.join()

    print("Welcome")
    await hello_task.join()
    print("Good by")
if __name__ == '__main__':
    curio.run(main)
```

你可能已经注意到了，代码清单 7-15 的代码显示了创建和等待任务的过程。这里有两个主要概念需要掌握。

`curio.spawn()` 方法把协程函数当成参数，负责创建和启动 `hello_task` 任务。

`join()` 方法在把控制权交给内核之前，负责等待任务完成。

我希望这有助于让你了解 Curio 是如何在 Python 中实现并发的，你可以查看 Curio 官网的文档了解更多细节。

（2）Trio

Trio 是一个像 Curio 一样的开源库。它承诺使 Python 中的异步代码编写变得更容易。Trio 的特点如下：

❑ 它具有良好的伸缩性。

❑ 它可以同时运行 10 000 个任务。

❑ Trio 是用 Python 编写的，这可能对希望深入了解 Trio 工作原理的开发人员有用。

❑ 因为 Trio 的文档非常齐全，所以快速入门比较容易。如果你想寻找某些特性，那么这些特性都在文档中有说明。

让我们快速看一下 Trio 的一个简单例子，以了解 Trio 异步代码。参见代码清单 7-16。

代码清单7-16　使用Trio编写异步代码的例子

```
import trio

async def greeting():
    await trio.sleep(1)
    return "Welcome to Trio!"

trio.run(greeting)

>> Welcome to Trio!
```

正如所看到的，很容易理解代码中发生了什么。Trio 使用 `run()` 方法运行异步函数，该方法启动 `greeting` 函数的执行，然后暂停执行一秒钟，最后返回结果。

让我们来看一个更有用的示例（参见代码清单 7-17），在这个示例中，你可以使用

Trio 运行多个任务。

为了更好地理解 Trio 的使用，把代码清单 7-13 中的 **is_odd**、**is_prime** 异步函数修改为使用 Trio 的版本。

代码清单7-17　使用Trio运行多个任务

```python
import trio
async def is_odd(data):
    odd_even = []
    for item in data:
        odd_even.append((item, "Even") if item % 2 == 0 else
        (item, "Odd"))
    await trio.sleep(1)
    return odd_even

async def is_prime(data):
    primes = []
    for item in data:
        if item <= 1:
            primes.append((item, "Not Prime"))
        if item <= 3:
            primes.append((item, "Prime"))
        if item % 2 == 0 or item % 3 == 0:
            primes.append((item, "Not Prime"))
        factor = 5
        while factor * factor <= item:
            if item % factor == 0 or item % (factor + 2) == 0:
                primes.append((item, "Not Prime"))
            factor += 6
    await trio.sleep(1)
    return primes

async def main(data):
    print("Calculation has started!")
    async with trio.open_nursery() as nursery:
        nursery.start_soon(is_odd, data)
        nursery.start_soon(is_prime, data)

trio.run(main, [3, 5, 10, 23, 90])
```

从上述的示例代码可以看到，并没有对 **is_prime** 和 **is_odd** 函数做修改，因为它们在 Trio 与 **asyncio** 的工作方式类似。

和 asyncio 的使用方式对比，最主要的区别是在 main() 函数中，以 trio.open_nursery 方法替换了 asyncio.as_completed 方法，使用 trio.open_nursery 方法来创建 nursery 对象。nursery 对象使用 nursery.start_soon 函数来启动协程。

一旦 nursery.start_soon 启动了 is_prime 和 is_odd 协程函数，这两个函数就会在后台运行。

上述代码中的 async...with 语句块的最后一行代码，会使 main() 函数一直等待所有协程，直到所有协程运行完成后才会继续执行。

当你运行代码清单 7-17 中的代码时，你会发现和使用 asyncio 的代码类似，is_prime 和 is_odd 函数会并发运行。

> 📷 **注意**　在写这本书的时候，Curio 和 Trio 是编写异步代码的两个非常好的库。全面深入地理解 asyncio 对于使用其他异步的第三方库会有很大的帮助。我建议你在选择任何第三方库之前对 asyncio 有一个深入全面的理解，因为大多数库的底层都使用了一些 Python 异步特性。

7.2　类型标记

Python 是一种动态语言，所以在用 Python 编写代码时，通常不需要担心定义类型的问题。如果使用的是 Java 或 .NET 之类的语言，那么在编译代码之前就必须了解数据类型，否则在编译的时候会报错。

数据类型有助于调试和阅读大型的代码库。然而，Python 和 Ruby 等语言提供了灵活性和自由度，使用者不必担心数据类型，而是专注于业务逻辑即可。

类型标注是动态语言世界中的一个特点，在这个世界中，有些开发人员喜欢类型，有些则不喜欢使用它们。

在 typing 模块，Python 提供了可供使用的类型，所以，我建议在项目中尝试使用一下，看看这些类型对项目是否有帮助。

我发现它们在编写代码时很有用，尤其是在调试和为代码编写注释时。

7.2.1　Python 中的类型

从 Python 3 开始，可以在代码中使用类型。然而，在 Python 中类型是可选的。当运行代码时，Python 不会检查类型。

即使你定义了错误的类型，Python 也不会报错。但是，如果希望确保编写的类型是正确的，那么可以考虑使用 mypy 之类的工具，当使用的类型不正确时，mypy 会报错。

在 Python 中，通过 `:<data_types>` 在代码中添加类型，参见代码清单 7-18。

代码清单7-18　添加类型

```python
def is_key_present(data: dict, key: str) -> bool:
    if key in data:
        return True
    else:
        return False
```

从上面的示例代码可以看出，函数的主要功能是查找传入的 key 是否存在于字典中。函数声明 data 参数为 dict 类型，声明 key 为 str 类型，并且函数返回 bool 类型。这是用 Python 编写"强"类型的代码所做的主要工作。

Python 理解这种语法，并且不会验证这些类型，它假设你的类型是正确的。但是，作为开发人员，这种方式可以让使用者了解传递给函数的具体类型。

你可以使用 Python 中所有内置的数据类型，而不需要使用其他模块或库。Python 支持 list、dict、int、str、set、tuple 等类型。但是，在某些情况下可能需要更高级的类型，将在 7.2.2 节中提到。

7.2.2　typing 模块

为了更高级的使用，Python 引入了一个称为 typing 的模块，它提供了更多的类型。刚刚接触时，需要一些时间来适应它的语法和提供的类型，但是一旦理解了这个模块，就可能会觉得它会让你的代码更整洁、更易读。

因为 typing 模块会涉及很多地方，所以让我们直接切入主题。typing 模块提供了一些基本类型，如 Any、Union、Tuple、Callable、TypeVar、Generic 等。让我们简要地讨论一下其中的一些类型。

1. Union

如果事先不确定传递给函数的是什么类型，但是希望在有限的类型中选择一个类型，那么可以使用 Union。这里有一个例子：

```
from typing import Union

def find_user(user_id: Union[str, int]) -> None:
    isinstance(user_id, int):
        user_id = str(user_id)
    find_user_by_id(user_id)
    ...
```

user_id 可以是 str 或 int 类型，所以可以使用 Union 确保函数支持传入 str 或 int 类型的 user_id。

2. Any

这是一个特别的类型，其他类型与 Any 是相容的。它可以容纳所有其他的值和方法。当不知道使用什么类型时，可以考虑使用 Any 类型[⊖]。

```
from typing import Any

def stream_data(sanitize: bool, data: Any) -> None:
    if sanitize:
        ...
    send_to_pipeline_for_processing(data)
```

3. Tuple

顾名思义，这是元组的类型。唯一的区别是可以定义元组元素的类型。

⊖　如果你真的这么做，就会让你的代码变得难以阅读，和不使用数据类型区别不大。——译者注

```
from typing import Tuple

def check_fraud_users(users_id: Tuple[int]) -> None:
    for user_id in users_id:
        try:
            check_fraud_by_id(user_id)
        exception FraudException as error:
            ...
```

4. TypeVar 和 Generic

如果希望定义自己的类型或重命名特定类型，那么可以利用 `typing` 模块的 `TypeVar` 来实现。这对于提高代码的可读性和为自定义类定义类型非常有用。

这是一个更高级的 `typing` 概念。在大多数情况下，可能不需要使用它，因为 `typing` 模块提供了足够多的类型。

```
from typing import TypeVar, Generic

Employee = TypeVar("Employee")
Salary = TypeVar

def get_employee_payment(emp: Generic[Employee]) -> :
    ...
```

5. Optional

当你期望传入已定义的类型或 None 时，可以使用 `Optional`。也就是说，可以使用 `Optional[int]` 替换 `Union[int, None]`。

```
from typing import Optional

def get_user_info_by_id(user_id: Optional[int]) ->
Optional[dict]:
    if user_id:
        get_data = query_to_db_with_user_id(user_id)
        return get_data
    else:
        return None
```

以上是对 Python 中的 `typing` 模块的介绍。在 `typing` 模块中还有许多其他类型，如果希望在代码库中使用它们，可以参考 Python 官方文档（https://docs.python.org/3/library/typing.html）来了解更多信息。

7.2.3　类型检查会影响性能吗

通常使用 `typing` 模块或类型不会影响代码的性能。然而，`typing` 模块提供了一个名为 `typing.get_type_hints` 的方法，返回对象的类型，第三方工具可以使用它来检查对象的类型。Python 在运行时不进行类型检查，所以这根本不会影响代码的性能。

根据 Python PEP 484 [⊖]：

虽然提到的 `typing` 模块包含一些用于运行时类型检查的方式（特别是 `get_type_hints()` 函数），但是必须开发第三方包来实现特定的运行时类型检查功能，例如使用装饰器或元类。使用类型提示进行性能优化是留给读者的练习。

7.2.4　类型标记如何帮助编写更好的代码

类型标记可以在将代码发送到生产环境之前进行静态代码分析以捕获类型错误，防止出现一些明显的 bug。

有像 `mypy` 这样的工具，可以将其作为软件生命周期的一部分添加到工具箱中。`mypy` 可以通过运行部分或全部代码库来检查代码的类型。`mypy` 还可以检测 bug，比如在从函数返回值时检查 None 类型。

类型标记可以让代码更整洁。在文档字符串中指定类型的地方，你可以使用不需要任何性能成本的类型，而不是使用注释来记录代码。

如果使用的是 `PyCharm` 或 `VSCode` 之类的 IDE，那么 `typing` 模块还可以支持代码补全。众所周知，早期的错误捕获和整洁的代码对于任何大型项目的长期维持都是非常重要的。

7.2.5　typing 的陷阱

在使用 typing 模块的时候，需要注意以下已知陷阱：

⊖　https://www.python.org/dev/peps/pep-0484/.

❏ 注释文档不完善。如果类型的注释文档不完善，那么在编写自定义类型或高级数据结构时，可能很难确定如何使用正确的类型。尤其是在开始使用 `typing` 模块时，上手有一定的难度。

❏ 类型不严格。因为类型提示不严格，所以不能保证一个变量是它声明的类型。在这种情况下，并没有提高代码的质量。因此，在代码中使用正确的类型就留给了各个开发人员。`mypy` 可能是检查类型的解决方案。

❏ 不支持第三方库。在使用第三方库时，可能会抓狂，因为在许多情况下，根本不知道第三方库中相关参数的正确类型，比如数据结构或类。在这些情况下，可能最终会使用 `Any`。前面提到的 `mypy` 也不支持检查与第三方库相关的类型。

> 注意 `typing` 模块向正确的方向迈出了一步，但是还需要对 `typing` 模块进行大量的改进。然而，使用正确的 `typing` 一定会帮助你发现一些细微的 bug 和类型错误。与 `mypy` 这样的工具一起使用有助于使代码更整洁。

7.3 super() 方法

`super()` 方法的语法现在更容易使用而且可读性好。在子类中可使用 `super()` 方法调用父类的方法（即继承）。

```
class PaidStudent(Student):
    def __int__(self):
        super().__init__(self)
```

7.4 类型提示

正如前面提到的 `typing` 是 Python 的新模块，它提供了类型提示功能。

```
import typing

def subscribed_users(limit_of_users: int) -> Dict[str, int]:
    ...
```

7.5 使用 pathlib 处理路径

`pathlib` 是 Python 中的一个新模块，它可以帮助你读取文件、拼接路径、显示目录树并且有其他特性。

使用 pathlib，一个文件路径可以由一个适当的 Path 对象表示，然后可以对该 Path 对象执行不同的操作。它的功能包括查找最后修改的文件、创建唯一的文件名、显示目录树、计数文件、移动和删除文件、获取文件的特定属性以及路径。

让我们来看一个例子，其中 resolve() 方法查找文件的完整路径，如下所示：

```
import pathlib

path = pathlib.Path("error.txt")
path.resolve()
>>> PosixPath("/home/python/error.txt")

path.resolve().parent == pathlib.Path.cwd()
>>> False
```

7.6　print() 现在是一个函数

print() 现在已经是一个函数了，在以前的版本中，print() 是语句。

❑ 旧的版本：print "Sum of two numbers is", 2 + 2
❑ 新的版本：print("Sum of two number is", (2+2))

7.7　f-string

Python 引入了一种改进的字符串编写方法，称为 f-string。这让代码比以前的版本（如 % format 和 format 方法）更具有可读性。

```
user_id = "skpl"
amount = 50
f"{user_id} has paid amount: ${amount}"
>>> skpl has paid amount: $50
```

使用 f-string 的一个主要原因是它比之前格式化字符串的方法更快。

参见 PEP 498 [⊖]：

⊖　https://www.python.org/dev/peps/pep-0498/

f-string 提供了一种使用最少的语法将表达式嵌入字符串文本的方法。应该注意的是，f-string 实际上在运行时计算的是表达式，而不是常量。在 Python 源代码中，f-string 是一个文字字符串，以 f 为前缀，它包含大括号内的表达式，在运行时，表达式会被它们的值替换。

7.8　关键字参数

Python 已经支持使用 * 作为函数参数来定义只包含关键字的参数（即关键字参数）。

```python
def create_report(user, *, file_type, location):
    ...
create_report("skpl", file_type="txt", location="/user/skpl")
```

现在，当调用 `create_report()` 函数时，传入 * 之后的参数必须提供前面声明的关键字，强制开发人员使用位置参数来调用该函数。

7.9　有序字典

现在，字典不再改变插入数据的顺序了。在此之前，必须使用 `OrderedDict` 来达到这个目的，但是现在，默认的字典就可以完成此任务。

```python
population_raking = {}
population_raking["China"] = 1
population_raking["India"] = 2
population_raking["USA"] = 3
print(f"{population_raking}")
{'China': 1, 'India': 2, 'USA': 3}
```

7.10　迭代解包

现在 Python 提供了迭代解包的特性。这是一个很有用的特性，可以迭代地解包变量。

```python
*a, = [1]                    # a = [1]
(a, b), *c = 'PC', 5, 6      # a = "P", b = "C", c = [5, 6]
*a, = range(10)
```

可阅读官方文档了解 Python 更多的新特性。

7.11　小结

本章主要讨论了一些主要的新特性，如 `asyncio` 和 `typing`，以及一些次要特性，如 `pathlib` 和字典。当然，Python 3 中还有许多其他的新特性。

通过阅读 Python 文档获得新特性是一个比较好的实践。Python 有完善的文档且容易导航，可以帮助你理解任何库、关键字或模块。我希望这一章已经给了你足够的动力，在你现有的代码库或新项目中尝试这些特性。

第 8 章

调试和测试 Python 代码

如果你在编写代码，特别是生产代码，那么代码具有良好的日志记录功能和测试用例非常重要。两者都要确保可以跟踪错误并修复出现的任何问题。Python 有一组丰富的内置库，用于调试和测试本章介绍的 Python 代码。

> **注意** 与任何编程语言一样，Python 有很多工具可以在代码中添加日志和测试。在生产环境中理解这些工具是很重要的，因为这可以节省钱。由于生产代码中的错误或 bug 而导致的损失对公司或产品来说是灾难性的。因此，在将代码放到生产环境运行之前，你需要准备好日志记录和测试。这也有助于拥有一些度量和性能跟踪工具，这样你就可以知道，当你的软件被数以百万计的用户使用时，情况是怎样的。

8.1 调试

作为开发人员，调试是最重要的技能之一。大多数开发人员没有投入足够的精力来学习调试，他们通常只在需要的时候尝试不同的东西。调试不应是事后的过程，这是一种在对代码中的实际问题得出任何结论之前排除不同假设的技术。在本节中，你将探索调试 Python 代码的技术和工具。

8.1.1 调试工具

本节将介绍 `pdb`、`ipdb` 和 `pudb`。

1. pdb

`pdb` 是调试 Python 代码最有用的命令行工具之一。`pdb` 提供栈信息和参数信息，并在 `pdb` 调试器中跳转代码命令。在 Python 代码中使用调试器，需要编写如下内容：

```
import pdb
pdb.set_trace()
```

一旦控件进入启用 `pdb` 调试器的行，就可以使用 `pdb` 命令行选项调试代码。`pdb` 提供了以下命令。

- ❏ `h`：帮助命令。
- ❏ `w`：打印栈跟踪。
- ❏ `d`：跳转到当前栈（帧）的下一层。
- ❏ `u`：跳转到当前栈（帧）的上一层。
- ❏ `s`：执行当前行。
- ❏ `n`：执行下一行。
- ❏ `unt [line number]`：继续执行，直到 line number 行。
- ❏ `r`：继续执行，直到当前函数返回。

`pdb` 中还有其他命令行选项。你可以在 https://docs.python.org/3/library/pdb.html 上查看所有命令选项。

2. ipdb

与 `pdb` 类似，`ipdb` 也是一个调试器命令行工具。它提供与 `pdb` 相同的功能，它有一个额外的优势，就是可以在 IPython 上使用 `ipdb`。你可以按如下方式添加 `ipdb` 调试器：

```
import ipdb
ipdb.set_trace()
```

安装 **ipdb** 后，你可以使用 **ipdb** 中的所有可用命令。大部分命令与 **pdb** 类似，如下所示：

```
ipdb> ?

Documented commands (type help <topic>):
========================================
EOF     bt         cont      enable   jump  pdef    psource   run      unt
a       c          continue  exit     l     pdoc    q         s        until
alias   cl         d         h        list  pfile   quit      step     up
args    clear      debug     help     n     pinfo   r         tbreak   w
b       commands   disable   ignore   next  pinfo2  restart   u        whatis
break   condition  down      j        p     pp      return    unalias  where
Miscellaneous help topics:
==========================
exec  pdb

Undocumented commands:
======================
retval  rv
```

你可以在 https://pypi.org/project/ipdb/ 上找到有关 **ipdb** 的更多信息。

ipdb 具有与 **pdb** 相同的命令行选项，如下所示。

❑ **h**：帮助命令。

❑ **w**：打印栈跟踪。

❑ **d**：跳转到当前栈（帧）的下一层。

❑ **u**：跳转到当前栈（帧）的上一层。

❑ **s**：执行当前行。

❑ **n**：执行下一行。

❑ **unt [line number]**：继续执行，直到 line number 行。

❑ **r**：继续执行，直到当前函数返回。

3. pudb

pudb 是一个特性丰富的调试工具，它具有比 **pdb** 和 **ipdb** 更多的特性。它是一个基于控制台的可视化调试器。你可以在编写代码时进行调试，而不是像 pdb 或 ipdb 那样跳到命令行。它看起来更像一个 GUI 调试器，但它运行在控制台上，这使得它比 GUI 调试器量级更轻。

可以按如下代码添加调试器：

```
import pudb
pudb.set_trace()
```

可以在 https://documen.tician.de/pudb/starting.html 上找到有关 pudb 及其所有特性的更多信息。

在 pudb 调试界面中，可以使用以下键。

- ❑ n：执行下一个命令。
- ❑ s：进入函数内部。
- ❑ c：继续执行。
- ❑ b：在当前行设置一个断点。
- ❑ e：显示抛出异常的回溯。
- ❑ q：打开一个对话框来退出或重新启动正在运行的程序。
- ❑ o：显示原始控制台 / 标准输出屏幕。
- ❑ m：在其他文件中打开模块。
- ❑ L：跳转到某行。
- ❑ !：跳转到屏幕底部的 Python 命令行子窗口。
- ❑ ?：显示"帮助"对话框，其中包含快捷方式命令的完整列表。
- ❑ <SHIFT+V>：将调试上下文切换到屏幕右侧的变量子窗口。
- ❑ <SHIFT+B>：将调试上下文切换到屏幕右侧的断点子窗口。
- ❑ <CTRL+X>：在代码行和 Python 命令行之间切换上下文。

举个例子，打开 pudb 后，按 b 键在当前行设置一个断点，使用 c 快捷键继续执行代码后会停在设置断点的行。一个有用的选项是设置一个变量条件，在该条件成立的时候启用断点。一旦条件满足，执行将在该点暂停。你还可以通过创建一个类似 ~/.config/pudb/pudb.cfg 的文件来配置 pudb，如下所示：

```
[pudb]
breakpoints_weight = 0.5
current_stack_frame = top
custom_stringifier =
custom_theme =
display = auto
line_numbers = True
prompt_on_quit = True
seen_welcome = e027
shell = internal
sidebar_width = 0.75
stack_weight = 0.5
stringifier = str
theme = classic
variables_weight = 1.5
wrap_variables = True
```

8.1.2 breakpoint

`breakpoint`（断点）是 Python 3.7 中引入的一个新关键字。它给了你调试代码的能力。`breakpoint` 类似于之前讨论的其他命令行工具。你可以按如下方式编写代码：

```
x = 10
breakpoint()
y = 20
```

`breakpoint` 也可以使用 PYTHONBREAKPOINT 环境变量，为调试器提供一个由 `breakpoint()` 函数调用的方法。这很有帮助，因为你可以在不更改代码的情况下更改调试器模块。举个例子，如果要禁用调试，可以使用 PYTHONBREAKPOINT=0。

8.1.3 在产品代码中使用 logging 模块替代 print

如前所述，日志记录是任何软件产品的重要组成部分，并且 Python 有一个名为 `logging` 的库。日志记录还可以帮助你理解代码的流程。如果你有可用的日志记录，它通过提供栈跟踪，让你知道哪里出现了问题。只需按如下方式导入库，就可以使用 `logging` 库：

```
import logging
logging.getLogger(__name__).addHandler(logging.NullHandler())
```

`logging` 库有五个标准级别，用来指示事件的严重程度。见表 8-1。

表 8-1　日志记录的级别

级别	对应的数值
CRITICAL	50
ERROR	40
WARNING	30
INFO	20
DEBUG	10
NOTSET	0

所以，你可以编写如代码清单 8-1 类似的代码。

代码清单8-1　日志记录配置

```python
import logging
from logging.config import dictConfig

logging_config = dict(
    version=1,
    formatters={
        'f': {'format':
                '%(asctime)s %(name)-12s %(levelname)-8s
                %(message)s'}
    },
    handlers={
        'h': {'class': 'logging.StreamHandler',
            'formatter': 'f',
            'level': logging.DEBUG}
    },
    root={
        'handlers': ['h'],
        'level': logging.DEBUG,
    },
)

dictConfig(logging_config)

logger = logging.getLogger()
logger.debug("This is debug logging")
```

假设你想要捕获日志的所有栈跟踪，你可以执行代码清单 8-2 所示的操作。

代码清单8-2　在日志记录中打印栈跟踪

```
import logging

a = 90
b = 0

try:
  c = a / b
except Exception as e:
  logging.error("Exception ", exc_info=True)
```

在类和函数中使用日志记录

`logging` 模块有许多类和函数可用于定义你自己的日志记录类，并为你的特定需求和项目配置日志记录。

`logging` 模块中的常用类如下所示。

❏ `Logger`：这是 `logging` 模块的一部分，由应用程序直接调用以获取 `logger` 对象。它有许多方法，如下所示：

- `setLevel`：设置日志记录级别。创建 logger 时，将其设置为 NOSET。
- `isEnableFor`：此方法使用 logging.disable(level) 检查设置的日志记录级别。禁用（级别）。
- `debug`：在 logger 中记录 DEBUG 级别的日志。
- `info`：在 logger 中记录 INFO 级别的日志。
- `warning`：在 logger 中记录 WARNING 级别的日志。
- `error`：在 logger 中记录 ERROR 级别的日志。
- `critical`：在 logger 中记录 CRITICAL 级别的日志。
- `log`：在 logger 中记录数值型的日志。
- `exception`：在 logger 中记录 ERROR 级别的日志。
- `addHandler`：在 logger 中添加指定的处理器。

❏ `Handler`：`Handler` 是 `StreamHandler`、`FileHandler`、`SMTPHandler`、`HTTPHandler` 等处理器类的基类，这些子类把日志记录发送到对应的目的地，如 `sys.stdout` 或磁盘文件。

- **createLock**：初始化用于序列化访问底层 I/O 的线程锁。
- **setLevel**：设置 handler 的级别。
- **flush**：确保日志缓冲区已刷新。
- **lose**：Handler 子类确保从调用重写的此方法。
- **format**：对日志记录进行格式化操作。
- **emit**：实际上，这会记录指定的日志记录消息。

❑ **Formatter**：在这里，你可以通过指定字符串格式来指定输出的格式，该格式列出输出应包含的属性。

- **format**：格式化字符串。
- **formatTime**：格式化时间。它与 **time.strftime()** 一起用于格式化日志记录的创建时间。默认值为 "**%Y-%m-%d %H:%M:%S, uuu**"，其中 uuu 以毫秒为单位。
- **formatException**：格式化特定的异常信息。
- **formatStack**：格式化栈信息。

你还可以为正在运行的应用程序配置日志记录，如代码清单 8-3。

代码清单8-3　日志记录配置文件

```
[loggers]
keys=root,sampleLogger

[handlers]
keys=consoleHandler

[formatters]
keys=sampleFormatter

[logger_root]
level=DEBUG
handlers=consoleHandler

[logger_sampleLogger]
level=DEBUG
handlers=consoleHandler
qualname=sampleLogger
propagate=0

[handler_consoleHandler]
```

```
class=StreamHandler
level=DEBUG
formatter=sampleFormatter
args=(sys.stdout,)

[formatter_sampleFormatter]
format=%(asctime)s - %(name)s - %(levelname)s - %(message)s
```

现在可以使用这个配置文件了，如代码清单 8-4 所示。

代码清单8-4 使用日志记录配置

```
import logging
import logging.config

logging.config.fileConfig(fname='logging.conf', disable_
existing_loggers=False)

# Get the logger specified in the file
logger = logging.getLogger(__name__)

logger.debug('Debug logging message')
```

这与代码清单 8-5 所示的 YAML 文件是相同的配置。

代码清单8-5 YAML中的日志记录配置

```
version: 1
formatters:
  simple:
    format: '%(asctime)s - %(name)s - %(levelname)s - %(message)s'
handlers:
  console:
    class: logging.StreamHandler
    level: DEBUG
    formatter: simple
    stream: ext://sys.stdout
loggers:
  sampleLogger:
    level: DEBUG
    handlers: [console]
    propagate: no
root:
  level: DEBUG
  handlers: [console]
```

你可以读取这个文件，如代码清单 8-6 所示。

代码清单8-6　使用YAML文件的日志记录配置

```
import logging
import logging.config
import yaml

with open('logging.yaml', 'r') as f:
    config = yaml.safe_load(f.read())
    logging.config.dictConfig(config)

logger = logging.getLogger(__name__)

logger.debug('Debug logging message')
```

有关日志记录的更多信息，请访问 https://docs.python.org/3/library/logging.html。

8.1.4　使用 metrics 库来分析性能瓶颈

我见过许多不理解代码中指标价值的开发人员。指标从代码中收集不同的数据，例如代码特定部分中的错误数量或第三方 API 的响应时间。还可以定义用来捕获某个数据点的指标，比如当前登录到 web 应用程序的用户数量。通常对每个请求、每秒钟、每分钟或定期收集指标，以便长期监视系统。

有很多第三方应用程序可用于收集生产代码上的指标，如 New Relic、Datadog 等。你可以收集不同类型的指标，将它们归类为性能指标或资源指标等。性能指标可以如下所示。

❑ **吞吐量**：这是系统每单位时间所做的工作量。
❑ **错误**：这是每单位时间的错误结果数或错误率。
❑ **绩效**：表示完成一个工作单元所需的时间。

除了这些点之外，还可以使用几个数据点来捕获应用程序的性能。除了性能指标，有一些指标（如资源指标）可用于获取如下资源指标：

❑ **利用率**：这是资源繁忙时间的百分比。
❑ **可用性**：这是资源响应请求的时间。

使用指标之前，考虑要使用哪种数据点来跟踪应用程序。使用指标肯定会使你对应用程序更有信心，并且你可以测量应用程序的性能。

8.1.5 IPython 有什么帮助

IPython 是 Python 的一个 REPL 工具。IPython 帮助你在命令行上运行代码，并在不进行太多配置的情况下对其进行测试。IPython 是一个真正智能且成熟的 REPL，它有许多特性，如智能补全和魔法函数，如 `%timeit`、`%run` 等。你还可以在 IPython 中获取历史记录并调试代码。有一些调试工具可以直接在 IPython 上显式地工作，比如 `ipdb`。

IPython 的主要功能如下：

❑ 对象内省。

❑ 历史记录持久化。

❑ 在会话期间缓存输出结果。

❑ 可扩展的智能补全，默认支持 Python 变量和关键字、文件名和函数关键字的补全。

❑ 用于控制与 IPython 或操作系统的环境变量或执行多任务的可扩展的"魔法"命令。

❑ 容易在不同设置之间切换的配置系统（比每次更改 `$PYTHONSTARTUP` 环境变量更简单）。

❑ 会话日志记录和重新加载。

❑ 特殊情况下的可扩展语法处理。

❑ 使用用户自定义别名访问系统 shell。

❑ 易于嵌入其他 Python 程序和 GUI 中。

❑ 集成访问 `pdb` 调试器和 Python 分析器。

命令行接口继承了前面列出的功能，并添加了以下内容：

❑ 多行编辑。

❑ 键入时语法高亮。

❑ 与命令行编辑器集成，以获利更好的工作流。

当与兼容的前端一起使用时，内核支持以下操作：

❏ 可以创建 HTML、图像、LaTEX、声音和视频的对象。
❏ 使用 ipywidgets 小工具。

你可以按如下方式安装 IPython：

pip install ipython

开始使用 IPython 非常简单，你只需输入命令 ipython，就可以进入 ipython 命令行 shell，如下所示：

`Python 3.7.0
Type 'copyright,' 'credits' or 'license' for more information
IPython 6.4.0 -- An enhanced Interactive Python. Type '?' for help.
In [1]:

现在你可以使用如下所示的 ipython 命令：

In [1]: print("hello ipython")

你可以在 https://ipython.readthedocs.io/en/stable/interactive/index.html 上找到更多有关 IPython 的信息。

8.2　测试

对于任何软件，测试代码与应用程序代码同样重要。因为测试确保部署的是正确代码。Python 有许多不同的用于编写写测试代码的库。

8.2.1　测试非常重要

测试与实际代码同样重要。测试确保代码按预期结果执行。你应该在开始编写应用程序代码的第一行时就开始编写测试代码。测试不应该是事后的事情，也不应该仅仅为了测试而测试。测试应该确保每一段代码都有预期的结果或行为。

你应该考虑在软件开发生命周期中尽早编写测试，有以下几个原因：

❏ 为了确保构建的正确性，在开始编写代码时进行测试是很重要的。如果没有测试来检查预期的行为，就很难确保代码是否正确。

❏ 希望能尽早发现破坏性的更改。当对代码的一部分进行更改时，很有可能会破坏代码的其他部分，所以希望尽早检测出破坏的代码的范围，而不是在投入生产之后才发现。

❏ 测试在代码注释方面也扮演着重要角色。测试是一种非常有用的代码注释方法，无须专门为代码的每一部分编写文档。

❏ 使用测试的另一个好处是用于新开发人员的培训。当新的开发人员加入团队时，他们可以通过运行和阅读测试来熟悉代码，这可以让他们了解代码的流程。

如果想确保代码和预期结果一样，并且让用户在使用软件时感到愉快，那么应该对代码进行测试。

8.2.2 Pytest 和 UnitTest

Python 有很多好用的测试库。Pytest 和 UnitTest 是最有名的两个库。本节将对比这两个库之间的主要区别，以便决定使用哪个库进行测试。

两个都是受欢迎的库，然而，它们之间有许多不同之处，在决定选择哪个特性之前，让我们先看看需要考虑的一些主要特性。

Pytest 是第三方库，UnitTest 是 Python 中的内置库。在使用 Pytest 之前需要先安装它，这不是什么大事。

```
pip install pytest
```

UnitTest 需要继承 `TestCase`，并且需要一个类来编写和运行测试代码。Pytest 在这方面更加灵活，因为可以按函数或类编写测试代码。代码清单 8-7 显示了 UnitTest 的用法，而代码清单 8-8 显示了 Pytest 的用法。

代码清单8-7　UnitTest的例子1

```
from unittest import TestCase

class SimpleTest(TestCase):
    def test_simple(self):
        self.assertTrue(True)
```

```
    def test_tuple(self):
        self.assertEqual((1, 3, 4), (1, 3, 4))

    def test_str(self):
        self.assertEqual('This is unit test', 'this is')
```

代码清单8-8　Pytest的例子1

```
import pytest

def test_simple():
    assert 2 == 2

def test_tuple():
    assert (1, 3, 4) == (1, 3, 4)
```

你可能已经注意到了，UnitTest 使用了 `TestCase` 实例方法，但是，Pytest 用的是内置的断言。Pytest 断言更容易理解。然而，UnitTest 断言的可配置性更强，并且有更多断言方法。

你可以在 https://docs.python.org/3/library/unittest.html#assert-methods 上看到 UnitTest 的所有断言方法，在 https://docs.pytest.org/en/latest/reference.html 上看到 Pytest 的所有断言方法。

代码清单 8-9 显示了 UnitTest 的用法，代码清单 8-10 显示了 Pytest 的用法。

代码清单8-9　UnitTest的例子2

```
from unittest import TestCase

class SimpleTest(TestCase):
    def not_equal(self):
        self.assertNotEqual(2, 3)   # 2 != 3

    def assert_false(self):
        x = 0
        self.assertFalse(x)    # bool(x) is false

    def assert_in(self):
        self.assertIn(5, [1, 3, 8, 5])    # 5 in [1, 3, 8, 5]
```

代码清单8-10　Pytest的例子2

```
import pytest
```

```
def not_equal():
    assert 2 != 2

def assert_false():
    x = 0
    assert x is 0

def assert_in():
    assert 5 in [1, 3, 8, 5]
```

你可能注意到，与 UnitTest 相比，Pytest 的断言更容易使用，而且与 UnitTest 相比，Pytest 的可读性更好。

Pytest 用代码片段高亮显示错误，而 UnitTest 没有这个特性，它显示一个没有高亮的单行错误。这在以后的版本中可能会改变，但是目前 Pytest 有更好的错误报告。代码清单 8-11 显示了 Pytest 的控制台输出，而代码清单 8-12 显示了 UnitTest 的控制台输出。

代码清单8-11 Pytest的控制台输出

```
>>> py.test simple.py
============================ test session starts =============
platform darwin -- Python 3.7.0 -- py-1.4.20 -- pytest-2.5.2
plugins: cache, cov, pep8, xdist
collected 2 items

simple.py .F

================================== FAILURES =================
_____ test_simple_____

    def test_simple():
        print("This test should fail")
>       assert False
E       assert False

simple.py:7: AssertionError
------------------------------- Captured stdout ---------------
This test should fail
====================== 1 failed, 1 passed in 0.04 seconds ====
```

代码清单8-12 UnitTest的控制台输出

```
Traceback (most recent call last):
  File "~<stdin>~", line 11, in simple.py
ZeroDivisionError: integer division or modulo by zero
```

Pytest 有像 **fixture** 这样的设置方法，来为模块、会话和函数配置。UnitTest 有 **setUp** 和 **tearDown** 方法。代码清单 8-13 显示了使用 **fixture** 的 Pytest 测试，而代码清单 8-14 显示了使用 setUP 和 tearDown 的 UnitTest 测试。

代码清单8-13　使用fixture进行Pytest测试

```python
import pytest

@pytest.fixture
def get_instance():
    s = CallClassBeforeStartingTest()
    s.call_function()
    return s

@pytest.fixture(scope='session')
def test_data():
    return {"test_data": "This is test data which will be use
    in different test methods"}

def test_simple(test_data, get_instance):
    assert test_instance.call_another_function(test_data) is
    not None
```

代码清单8-14　使用seTup和tearDown进行UnitTest测试

```python
from unittest import TestCase

class SetupBaseTestCase(TestCase):
    def setUp(self):
        self.sess = CallClassBeforeStartingTest()

    def test_simple():
        self.sess.call_function()

    def tearDown(self):
        self.sess.close()
```

正如你注意到的，Pytest 和 UnitTest 处理测试的设置方式不同。这是 Pytest 和 UnitTest 之间的一些主要区别。然而，两者都是性能丰富的工具。

我更喜欢使用 Pytest，因为它易于使用和具备较好的可读性。但是，如果你习惯使用 UnitTest，也不要认为一定要使用 Pytest。用着舒服就可以了，选择测试工具是次要的，首要目标应该是对代码进行良好的测试！

8.2.3　属性测试

属性测试是一种提供大量输入数据来测试函数的方法。你可以在 https://hypothesis. works/articles/what is property-based testing/ 上阅读更多关于它的信息。

Python 有一个名为 **hypothesis** 的库，非常适合编写属性测试代码。**hypothesis** 很容易使用，如果你熟悉 Pytest，会更容易使用。

你可以按如下方式安装 **hypothesis**：

```
pip install hypothesis
```

下面是一个使用 **hypothesis** 进行属性测试的示例，如代码清单 8-15 所示。

代码清单8-15　属性测试

```
from hypothesis import given
from hypothesis.strategies import text

@given(text())
def test_decode_inverts_encode(s):
    assert decode(encode(s)) == s
```

在这里，**hypothesis** 提供各种文本来测试函数 **test_decode_inverts_encode**，而不是提供用于解码文本的数据集。

8.2.4　生成测试报告

有许多可以生成测试报告的工具。实际上，Pytest 和 UnitTest 也可以生成测试报告。测试报告有助于理解测试结果，并且对于跟踪测试覆盖率也很有用。但是，这里只讨论测试报告的生成。

当你运行一个测试时，报告生成可以为你提供运行一个带有通过 / 失败（pass/fail）结果的测试概览。你可以使用以下工具之一来做到这一点：

```
pip install pytest-html
pytest -v tests.py --html=pytest_report.html --self-contained-
html
```

有一个叫作 **nose** 的工具有内置报告生成功能。如果你使用的是 **nose**，则可以通过以下命令生成测试报告：

```
nosetests -with-coverage --cover-html
```

如果使用的是 **UnitTest**，则可以使用 **TextTestRunner**，如代码清单 8-16 所示。

代码清单8-16　带TextTestRunner的UnitTest第1部分

```
class TestBasic(unittest.TestCase):
    def setUp(self):
        # set up in here

class TestA(TestBasic):
    def first_test(self):
        self.assertEqual(10,10)

    def second_test(self):
        self.assertEqual(10,5)
```

假设有以前的测试要运行，UnitTest 提供了 **TextTestRunner** 的方法来生成测试报告，如代码清单 8-17 所示。

代码清单8-17　带TextTestRunner的UnitTest第2部分

```
import test

test_suite = unittest.TestLoader().loadTestFromModule(test)
test_results = unittest.TextTestRunner(verbosity=2).run(test_
suite)
```

如果运行代码清单 8-17 的代码，就会生成 **TestBasic** 类的报告。

除了这里讨论的工具以外，在生成测试报告方面，还有很多有灵活性的第三方库，而且这些库也是非常强大的工具。

8.2.5　自动化单元测试

自动化单元测试意味着单元测试在无人工干预的情况下运行。在提交代码或合并代码到主干分支时能够自动运行单元测试，这意味着可以确保新的更改不会破坏任何现有的特性或功能。

正如已经讨论过的，对任何代码库进行单元测试都是非常重要的，你会希望使用某种 CI/CD 流程来运行它们。假设你使用某种版本控制工具，如 Git 或第三方工具（如 GitHub 或 GitLab）来存储你的代码。

运行测试的理想流程如下所示：

1）使用版本控制工具提交更改。

2）将更改推送到某种版本控制工具。

3）使用第三方工具（如 Travis）从版本控制工具触发单元测试，它会自动运行测试并将结果发布到版本控制工具。

4）在测试通过之前，版本控制工具不应允许合并到主版本分支。

8.2.6 让代码为生产做好准备

在投入生产之前，重要的事情就是要确保交付的代码是高质量的，并且能够按照预期工作。在将更改或新代码部署到生产环境之前，每个团队或公司都要采取不同的步骤。这里不讨论任何可以部署到生产环境中的理想的流程。但是，你可以在当前的部署流程中引入一些东西，以使 Python 代码在生产中更好、更少出错。

8.2.7 在 Python 中执行单元和集成测试

如前所述，单元测试非常重要。除了单元测试之外，集成测试也很重要，特别是当你的代码库中有很多改变的部分时。

如你所知，单元测试会帮助检查代码的特定单元，并确保该代码单元正常工作。对于集成测试，主要是测试代码的一部分是否能够与另一部分代码协作而没有任何错误。集成测试帮助你检查代码是否作为一个整体工作。

1. 使用 linting 使代码一致

linter 主要分析源代码中可能出现的错误，并解决以下问题：

❑ 语法错误。

❑ 结构问题，如未定义变量的使用。

❑ 违反代码风格。

linting 提供了易于浏览的信息。它对于代码非常有用，特别是对于一个有大量改动代码的大型项目，它让所有开发人员都能在代码风格上保持一致。

有很多 Python linting 代码。应该使用哪种取决于开发团队。

使用 linting 有很多好处：

❑ 通过对照编码标准来检查代码，帮助你写出更好的代码。
❑ 可以防止出现明显的错误，比如语法错误、拼写错误、糟糕的格式、不正确的风格等。
❑ 节省开发人员的时间。
❑ 帮助开发人员保持一致的代码风格。
❑ 很容易使用和配置。
❑ 安装简单。

让我们看看 Python 中一些流行的 linting 工具。如果正在使用 IDE 工具，如 VSCode、Sublime 或 PyCharm，你就会发现这些工具已经有一些可用的 linting 功能。

（1）Flake8

flake8 是最流行的 linting 工具之一。它是 pep8、pyflakes 和 circular 的混合。它的误报率很低。

你可以使用以下命令轻松安装：

```
pip install flake8
```

（2）pylint

对 linting 工具而言 pylint 是另一个可选择的工具。与 flake8 相比，它需要更多的设置，并且具有较高的误报率，但如果需要对代码进行更严格的 linting 检查，pylint 可能是更适合的工具。

2. 使用代码覆盖率检查测试

代码覆盖率是一个检查测试覆盖的过程（准确地说，是由不同测试用例触及的代码）。代码覆盖率确保你有足够的测试用例来保证代码的质量。代码覆盖率应该是软件开发生命周期的一部分，它不断提高代码的质量标准。

Python 有一个名为 Coverage.py 的工具，它是检查测试覆盖率的第三方工具。你可以按如下方式安装：

```
pip install coverage
```

在安装 Coverage.py 时，一个名为 **coverage** 的 Python 脚本被放置在 Python 脚本目录中。**Coverage.py** 有许多命令。

❑ **run**：运行 Python 程序并收集执行数据。

❑ **report**：报告覆盖率结果。

❑ **html**：生成 HTML 格式的覆盖率结果的报告。

❑ **xml**：生成 XML 格式的覆盖率结果的报告。

❑ **annotate**：使用覆盖率结果注释源文件。

❑ **erase**：擦除以前收集的覆盖率数据。

❑ **combine**：合并多个数据文件。

❑ **debug**：获取诊断信息。

你可以按如下方式获取覆盖率报告：

```
coverage run -m packagename.modulename arg1 arg2
```

还有其他一些直接与版本控制系统集成的工具，比如 GitHub。这些工具对于更大的团队来说更方便，因为只要提交新的代码进行评审，就可以运行检查。将代码覆盖率作为软件生命周期的一部分可以确保你不会在生产代码上出现重大失误。

3. 使用 virtualenv

virtualenv 应该是每个开发人员的工具链的工具之一。你可以使用它创建隔离的 Python 环境。当你安装 **virtualenv** 并为项目创建环境时，**virtualenv** 会创建一个文件夹，其中包含项目需要运行的所有可执行文件。

你可以执行如下命令安装 virtualenv，如下所示：

```
pip install virtualenv
```

我建议在 https://docs.python-guide.org/dev/virtualenvs/ 获取更多关于 virtualenv 的信息。

8.3　小结

对于任何产品代码，使用调试和监视代码的工具是很重要的。正如在本章中学到的，Python 有很多工具可以让代码在部署到生产环境之前做好上线准备。这些工具不仅可以帮助你在数百万用户使用你的应用程序时保持清醒，还可以帮助你维护代码长期使用。建议你使用这些工具，因为使用这些工具从长期来看肯定会有回报。在生产环境中部署应用程序时，拥有正确的流程与构建新特性一样重要，因为它能确保应用程序的高质量。

一些很棒的 Python 工具

本附录列出了一些推荐的工具，这些工具将有助于加快开发速度并提高代码质量。你可能已经在使用了，如果没有使用，我建议把它们作为你的代码库的一部分，因为这些工具可以帮助开发人员及早发现 bug 并修正。

Sphinx

就像编写单元测试对于保持代码质量一样重要，拥有良好的文档能够确保新加入项目的开发人员能够快速熟悉项目。只要你在代码中添加了文档字符串，那么 Sphinx 就可以帮助你轻松地生成代码文档。

你可以按照如下步骤安装 Sphinx：

```
pip install sphinx
```

接下来，在项目中创建一个 **docs** 文件夹，如下所示：

```
project
    project_name
        __init__.py
        source_1.py
        source_2.py
```

```
docs
setup.py
```

在 docs 文件夹中，运行 sphinx-quickstart 脚本时，该脚本可以执行安装。以下是运行命令的方式：

```
cd docs
sphinx-quickstart
```

此脚本在 docs 文件夹中创建用户从源代码自动生成文档的目录和文件。

现在你可以在代码中添加文档字符串，如下所示：

```
"""
Module perform some basic claculation tasks.
"""

class Calculation:
    """This class performs different calculations.

    You can use this class to do various calculations which
    make sure that you get the right results.
    """
    def __init__(self):
        """Calculation initialization method."""
        self.current_number = 0

    def sum(self, list_of_numbers):
        """Add provide list of numbers and return sum.

        param list_of_numbers: list of numbers need to added.
        type list_of_numners: list
        return: return sum of numbers.
        type: int
        """
        return sum(list_of_numbers)
```

现在，如果要生成 HTML 文件，可以使用以下命令：

```
make html
```

这将根据在代码中添加的注释生成一个 HTML 文件。

Coverage

Coverage 帮助你度量 Python 代码的代码覆盖率。其主要目的是评估测试的有效性。它告诉你哪一部分的代码会被测试，并根据测试生成报告。它支持大多数的 Python 版本。

Coverage 会在你的项目中查找 `.coverage` 的文件并用于生成报告。可以通过运行以下命令安装 Coverage：

```
pip install pytest-cov
```

如果你使用的是 `pytest`，那么可以按如下方式运行它：

```
py.test test.py --cov=sample.py
```

你需要 `py.test` 插件来生成使用 Coverage 的报告。报告显示如下：

```
Name | Stmts | Miss | Cover | Missing |
.......................................
sample.py | 6 | 0 | 100% |
```

你可以从 https://coverage.readthedocs.io/en/latest/index.html 了解更多关于 Coverage 的信息。

pre-commit

如果你使用 Git 版本控制系统来管理项目，那么 `pre-commit` 钩子应该成为提交过程的工具之一。`pre-commit` 钩子是在尝试提交代码时运行的 Git 钩子脚本，这有助于你在提交代码以供审查之前识别各种问题。

可以识别的问题包括缺少分号、拼写错误、代码结构问题、糟糕的编码风格、复杂性、尾部空格、调试语句等。

通过标识这些问题，可以在提交代码审查之前修复它们，从而节省审查人员和团队其他人员的时间和精力。

你可以将 Flake8 或 Pylint 等 linter 与 `pre-commit` 关联起来，以便在提交代码之前识别这些问题。可以按如下方式安装 `pre-commit`，如下所示：

```
pip install pre-commit
```

要添加 `pre-commit` 钩子，可以按如下方式创建一个文件：

```
pre-commit-config.yaml
```

此文件中，可以定义在提交代码之前要运行的所有钩子。

当提交任何有问题的代码时，它会提示存在的问题，并且不允许你在修复它们之前提交代码。这还可以确保所有团队成员都遵循类似的编码风格，并使用 flak8 或 pylint 等工具检查他们的代码。

你还可以创建自己的新钩子，并将它们添加到代码提交过程中。你可以在 https:// pre-commit.com/ 了解有关 pre-commit 的更多信息。

Pyenv

Pyenv 帮助你在不同的虚拟环境中管理不同版本的 Python。你可以在一台机器上同时使用 Python 2.7、Python 3.7、Python 3.8 等 Python 版本，并可以轻松地在它们之间切换。它还可以通过更改目录来为你切换虚拟环境。

你可以按照 https://github.com/pyenv/pyenv-installer 所说的安装 Pyenv。

一旦安装了 Pyenv，就可以在 .bashrc 文件中进行设置：

```
export PATH="~/.pyenv/bin:$PATH"
eval "$(pyenv init -)"
eval "$(pyenv virtualenv-init -)"
```

现在你可以通过在 https://github.com/pyenv.pyenv 阅读文档并浏览不同的 Pyenv 命令。

Jupyter Lab

如果你在数据科学领域工作，你可能听说过使用 Jupyter 或 Notebook 在浏览器中运行代码。有一个新的可用工具，它是 Notebook 和 Jupyter 的改进版本，称之为 Jupyter Lab。

你也可以把它看作是 Python 的 IDE，它可以运行各种 Python 代码。推荐数据科学人员使用 Jupyter Lab，因为他们不需要设置多个 Python 虚拟环境或调试虚拟环境问题。使用 Jupyter Lab 会让你从所有这些环境问题中解脱出来，并让你专注于编写代码。

可以使用 `pip` 安装 Jupyter Lab，如下所示：

```
python3 -m pip install jupyterlab
```

或者可以使用 `conda`，如下所示：

```
conda install -c conda-forge jupyterlab
```

要运行它，你可以简单地编写 `jupyter lab`。

这将打开默认浏览器 http://localhost:8888/lab，在这里可以开始编写 Python 代码了。

Pycharm/VSCode/Sublime

有一些很棒的 IDE 可以帮助你编写 Python 代码，比如 JetBrains 的 Pycharm、Microsoft 的 VSCode 或 Sublime。这些是值得注意的 IDE，它们在开发人员中很流行。

Pycharm 有社区版和许可证版。VSCode 和 Sublime 是开源代码，你可以免费使用它们。

所有这些都是很好的编程工具，所以选择哪一个取决于你的偏好。它们提供了开箱即用的特性，比如智能提示、远程调试等。

Flake8/Pylint

与其他语言一样，Python 也有一些以 Python 方式编写代码的指南。Flake8 和 Pylint 等工具确保你遵循了所有的 Python 指南。这些工具是可配置的，因此你可以根据项目需要修改检查。

你可以通过 pip 在虚拟环境中安装 Pylint，如下所示：

```
pip install pylint
```

如前所述，Pylint 是可配置的。你可以使用 `pylintrc` 这样的文件自定义对你来说重要的错误或约定，也可以编写自己的插件来自定义它。

类似地，Flake8 检查代码中的所有 PEP8 规则，并告诉你是否违反了规则。

你可以按如下方式安装 Flake8：

```
pip install flake8
```

Flake8 还有一个名为 `.flake8` 的配置文件，可以根据需要自定义。

你不需要同时安装它们，因为它们是实现同一目标的工具（也就是使你的代码遵循 PEP8 规则）。

推荐阅读

C++代码整洁之道：C++17可持续软件开发模式实践

作者：[德] 斯蒂芬·罗斯（Stephan Roth） ISBN: 978-7-111-62190-4 定价：89.00元

掌握高效的现代C++编程法则

学会应用C++设计模式和习惯用法

利用测试驱动开发来创建可维护的、可扩展的软件

内容简介

本书介绍如何使用现代C++编写可维护、可扩展和可持久的软件。对于每一个对编写整洁的C++代码感兴趣的开发人员、软件架构师或团队领导来说，这本书都是必需的。如果你想自学编写整洁的C++代码，本书也正是你需要的。本书旨在帮助所有级别的C++开发人员编写可理解的、灵活的、可维护的和高效的C++代码。即使是经验丰富的C++开发人员，也将受益匪浅。